手のひら図鑑 ❶

科学

ペニー・ジョンソン 監修／伊藤 伸子 訳

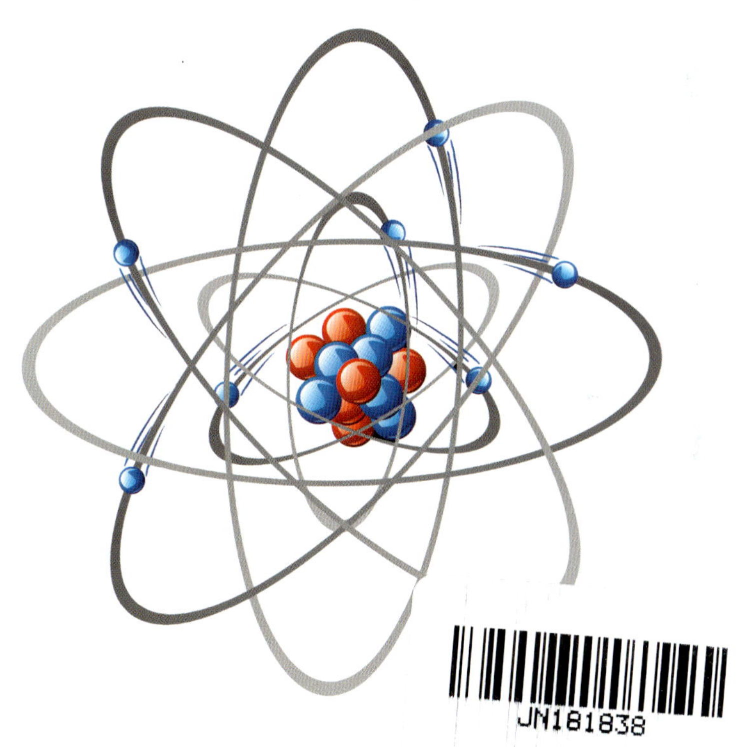

化学同人

Pocket Eyewitness SCIENCE

手のひら図鑑 ①
科　学

2016年 6月 1日　第1刷発行
2022年12月28日　第2刷発行

監　修　ペニー・ジョンソン
訳　者　伊藤伸子
発行人　曽根良介
発行所　株式会社化学同人

〒600-8074　京都市下京区仏光寺通柳馬場西入ル
TEL：075-352-3373　FAX：075-351-8301

装丁・本文 DTP　悠朋舎 / グローバル・メディア

Printed and bound in China

ISBN978-4-7598-1791-1

乱丁・落丁本は送料小社負担にて
お取りかえいたします．

For the curious
www.dk.com

目　次

科学ってなんだろう？

自然の世界を研究して、そのしくみや成り立ちを解き明かしていく学問を科学といいます。物質のもととなる小さな原子や星をつくる大きな力などいろいろなことが調べ考えられています。研究を重ねていく中で地球の成り立ちや生物進化のしくみがわかってきました。宇宙がどのような終わりをむかえるのか、そんな遠い未来を考える研究も進んでいます。

化　学

科学には大きく化学、物理学、生物学の三つの分野がある。化学では物質を研究する。物質の性質や成り立ち、反応のしかたを明らかにしたり、新しい物質をつくりだしたりする。いろいろなところで役に立つ新しい材料も研究されている。

フラスコの中で反応している化学物質

物理学

物理学では力やエネルギーを研究する。宇宙はどのようにしてできたのか、何が宇宙を一つにまとめているのか、エネルギーはどこからくるのか、光は何でできているのかといった大きななぞにも挑戦する。

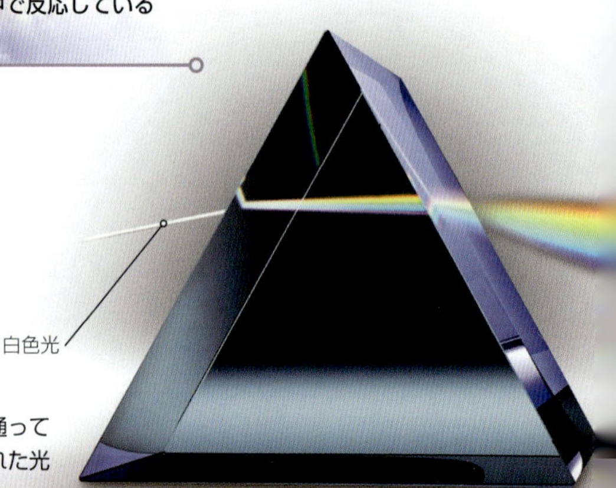

生物学

生物学では微生物からキノコ、植物、動物まですべての生き物を研究する。じっくり観察して生活のしかたや食べ物、体のしくみを調べる。自然の中で生き物が協力して生きているようすも明らかにする。

カワセミの食事。生物学では動物の食べ物も研究する

科学者ってどんな人？

科学者は自然の中にあるいろいろなことがらを調べて、それぞれのしくみにあてはまるきまりを突き止める。まずはよく観察をして、しくみを説明するきまりを頭の中で考え予測する。次に実験をして予測があっているかどうかを確かめる、という流れで研究を進めていく。

いろいろな色に分かれた白色光

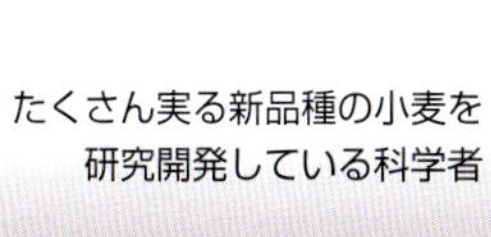

たくさん実る新品種の小麦を研究開発している科学者

科学の進歩

科学の進歩が歴史の流れに影響をあたえることがあります。車輪やペニシリンやインターネットといった発明のおかげで人びとの生活は大きく変わりました。運動の法則や自然選択などの理論によって自然のしくみがよくわかるようになりました。

発明と理論

それまでになかったものをつくることを発明、自然のしくみを考えるための道すじを理論という。発明をすることも、理論を考えだすことも科学者の仕事。

車輪の発明

メソポタミアでろくろの台につける円板が発明された。これが車輪の原型。やがて荷台にとりつけ車輪として使われるようになった。

紀元前 9000 年

紀元前 3500 年

紀元前 1200 ～ 1000 年

鉄器時代

鉄鉱石を木炭といっしょに熱して鉄をとりだす方法が見つかった。鉄の道具はそれまでの青銅や石の道具よりもがんじょうで鋭い切れ味を示した。

農　業

メソポタミアで農業が発展してはじめて人類は同じ土地で暮らせるようになった。集落は大きくなりバビロンなどの都市ができた。

紀元前 50

紙の発明

中国ではじめてつくられた紙は、樹皮と植物の繊維とぼろ布を混ぜあわせしぼって平らに仕上げたものだった。

800

火薬の発明

火薬も中国で発明された。硫黄、木炭、硝酸カリウムの混合物を爆薬として花火や銃に利用した。

1450

印刷の発明

ヨハネス・グーテンベルクは金属製の活字を使った印刷方法を発明した。この新しい印刷術によって新聞や本が大量につくられるようになった。

1687

運動の法則

近代科学を代表する科学者の一人アイザック・ニュートンは万有引力の法則と運動の法則を考えだした。

1700 〜 1900

蒸気の時代

蒸気機関は牛や馬よりも力がある。列車や工場の機械などいろいろなものを動かせる。蒸気機関がきっかけとなり産業革命が進んだ。

車の発明

19世紀末にカール・ベンツがガソリンで動く自動車を発明した。このとき、蒸気の時代が終わりをむかえた。

ポロニウムとラジウムの発見

ポーランド生まれのフランスの物理学者マリー・キュリーは放射性元素のポロニウムとラジウムを発見した。マリーの発見から原子の研究が始まった。

アルバート・アインシュタイン

物理学者アルバート・アインシュタインが発表した相対性理論（1905、1916年）は時間や空間、物質やエネルギーに対する考え方をそれまでと大きく変えた。

1859　1885　1895　1898　1905～16

X線の発見

ヴィルヘルム・レントゲンがX線を発見した。X線は体の中の骨をうつすことができる。X線は治療の方法を変えた。

自然選択

チャールズ・ダーウィンは『種の起原』という本の中で、生物は「自然選択」によって少しずつ進化する（p.140）と考える新しい学説を発表した。

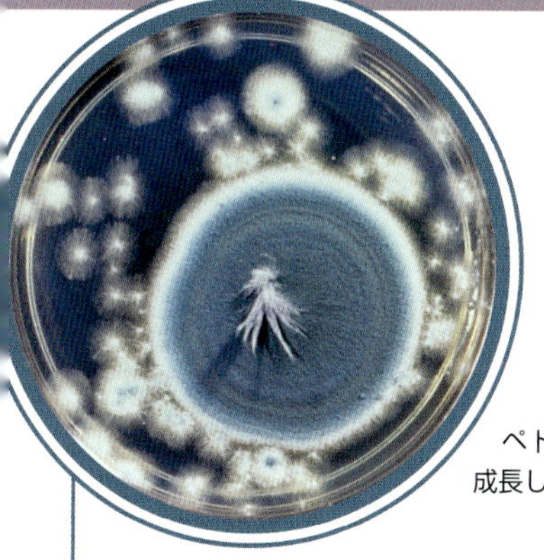

ペトリ皿の中で
成長した青カビ

ペニシリンの発見

抗生物質はたくさんの命を救ってきた。アレキサンダー・フレミングは、ペトリ皿に生えた青カビが細菌を溶かしていることに気づいた。これが最初の抗生物質ペニシリンの発見だった。

ウェブの発明

イギリスのコンピュータ科学者ティム・バーナーズ・リーはウェブというシステムを開発し、だれもが利用できるようにした。ウェブのおかげで今では世界中でインターネットが使われている。

1928

1958

1990

マイクロチップの発明

世界初のコンピュータは大きくて計算をするのに時間がかかった。ジャック・キルビーが発明したマイクロチップ（シリコン製の小さな基板の上に電子部品をのせたもの）はコンピュータを小さくし、コンピュータの処理能力を高めた。

身のまわりの科学

科学というと実験室の中だけでするもの、自分にはあまり関係がないと思う人も多いですが、料理、プラスチック製のおもちゃ、電話、インターネット、車や飛行機などわたしたちの生活の中にも科学の世界は広がっています。

遊び

プラスチック製のおもちゃやコンピュータゲームなどに使われる新しい素材をつくるのも科学。新しい素材が研究開発されるとスポーツ用具の形が大きく変わることが多い。

仕事

重いものを持ち上げる機械、情報を処理したりメールを送ったりするコンピュータ、命を救う最新の手術器具。科学のおかげで少ない時間や労力でいろいろな仕事を進めることができる。

家

家の中を見わたしてもあちらこちらに科学がかかわっている。室温を調節する装置、生の鶏肉をおいしいローストチキンに変えるオーブン。地球のまわりを回っている人工衛星からは世界中のラジオ、電話、テレビの信号がわたしたちの家へ送られてくる。

宇宙の科学　科学によって大きく進展した分野がある。宇宙探査もそのひとつ。地球のまわりを回る国際宇宙ステーションでは宇宙飛行士がいろいろな実験をしている。宇宙探査を通してたくさんの発見があり、発明が生まれた。その中には水のフィルター、煙感知器、傷のつきにくい眼鏡などふだんの生活で使われているものもある。

宇宙服の技術を利用した
バスケットボール
シューズがある

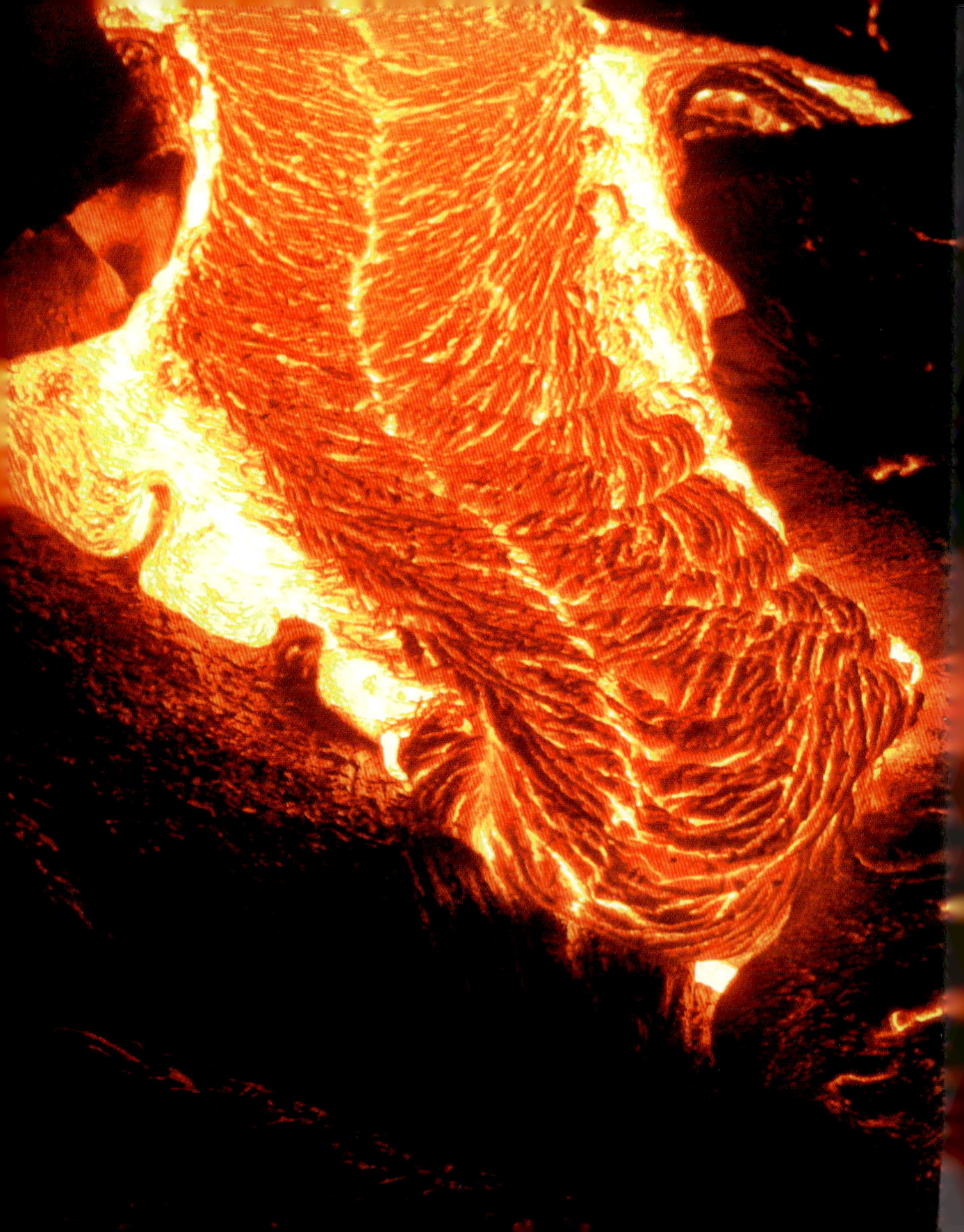

物質と材料 ぶっしつとざいりょう

地球上にあるものはすべて物質でできています。物質にはいろいろな種類があり、どれも条件によって性質が変わります。たとえば山をつくる物質、岩石。山ではかたい岩石も高温の火山では溶けて流れ出します。熱や圧力によって変化する物質の性質を知ると、自然現象の基本的なしくみがわかります。また物質の集まりである材料の性質もわかるので、いろいろなものにうまく利用できるようになります。

原　子　物質は原子という小さな粒子でできている。原子の中心には陽子と電子でできた原子核があり、原子核のまわりを電子が飛び回っている。

物質の状態 ぶっしつのじょうたい

わたしたちのまわりは物質であふれています。中には見えない物質もあります。物質には四つの状態（固体、液体、気体、プラズマ）があり、どの状態でも物質の中では分子という目に見えない小さな粒子が動いています。その動き方は状態によってちがいます。

固体

固体の中では分子は規則正しく並び、動き回らずその場でふるえている。固体は大きさも形もさまざまだが、かならず決まった形と体積がある。

固体の中の分子はぎゅっとまとまっている

岩石や鉱物は固体

液体

液体の分子もまとまっているけれども、そのまとまりは固体ほど強くないので分子は動くことができる。液体に決まった形はなく、容器に合わせて形を変える。液体の体積は決まっているが、粘り気（粘度）によって流れ方が変わる。

液体の中の分子はまとまっている

ハチミツは**粘度が高い**のでゆっくり流れる

温めた空気は膨張して
熱気球をふくらませる

気体の中の分子
はばらばら

岩石の上の
硫黄の結晶

気　体

気体の中の分子はばらばらで自由に動き回る。このため気体には決まった形や体積がない。容器につめるときは大きさに合わせて圧縮（つめこむので分子と分子の間の距離が狭くなる）したり膨張（分子と分子の間の距離が広くなる）させたりする。ほとんどの気体は見えない。

プラズマ

プラズマは宇宙に存在し、地上ではめったに見られない。気体と同じく形も体積ももたない。電荷をおびた粒子（p. 56 ~ 57）を含み、高い温度や放射エネルギーといった決まった条件のもとでだけ存在する。プラズマランプ（右写真）を使うとプラズマの出ているようすが見える。

状態の変化 じょうたいのへんか

物質の状態はいつも同じわけではありません。温度が変わると物質の状態も変わります。温度を上げると固体は液体になり、下げると液体は固体になります。

液体が気体になる

水を沸点まで温めると泡が出る。泡の正体は水が姿を変えた目に見えない気体、水蒸気だ。液体が気体に変わる現象を蒸発という。水は100℃で沸騰し蒸発して空気中に広がる。低い温度でも水はゆっくり蒸発している。

地球の内部から伝わってくる熱によって水が**蒸発**している

ニュージーランドの温泉

気体が液体になる

蒸発の反対、気体が冷えて液体になることを凝縮という。水蒸気が冷たいものにふれると液体になる。寒い朝、窓を見ると水蒸気が凝縮して水滴がついていることがある。

液体が固体になる

液体が冷えるとかたまって固体になる。液体が固体になる温度を凝固点という。水は0℃でかたまり固体の氷になる。飛行機の燃料は−47℃くらいでかたまる。

固体が液体になる

固体が温まると溶けて液体になる。温度が上がると固体の中では小さな粒子が自由に動き出し、やがて液体の状態になる。固体が液体になる温度を融点という。融点と凝固点は同じ温度。

アイスキャンディーは固体。
溶けて液体に変わる

水の循環 みずのじゅんかん

水は海と陸と空をめぐりながら絶えず状態を変えています。地球上で水が回り続ける現象を水の循環といいます。水はあちらこちらと循環しますが、地球にある水全体の量は変わりません。

水と大気

太陽の熱が水を温めると蒸発して水蒸気とよばれる気体になる。水蒸気は空高く上がると冷えて水滴に変わる。空の上で水滴が集まると雲ができる。雲から雨や雪となって地上に降った水はやがて海に流れ出る。海ではまた同じことが繰り返される。

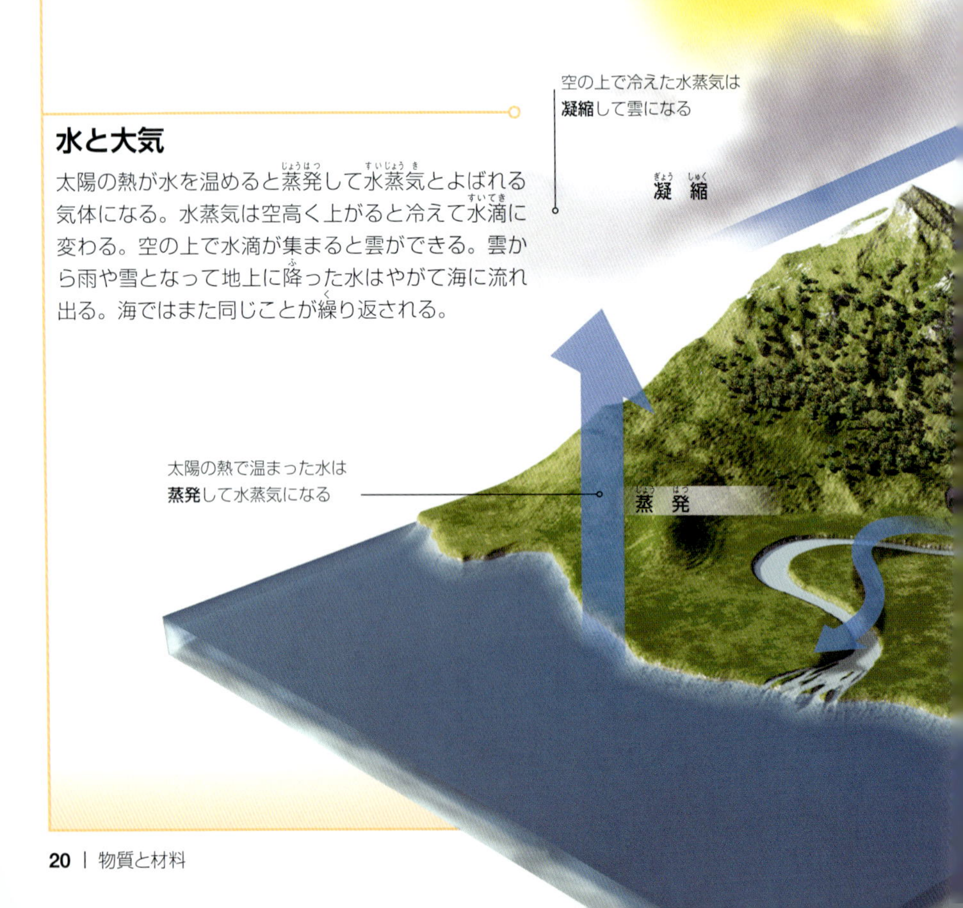

空の上で冷えた水蒸気は
凝縮して雲になる
凝縮
太陽の熱で温まった水は
蒸発して水蒸気になる
蒸発

雲の中で小さな水滴が結合して大きな水滴ができると雨や雪となって落ちる。このような現象を**降水**という
雨や**雪解け水**は川に集まる
温度が低いと水は**凍り**、固体の雪となって落ちる
凝固
降水
融解
水は地中にしみこんでいったん**地下水**となる。やがて温泉や湿地帯を通して地表にもどる
地下水が長い時間をかけてゆっくり岩石をすり減らすと、**地下に洞くつ**や**湖**ができる

物質の性質 ぶっしつのせいしつ

物質によって性質はちがいます。かたいものとやわらかいもの、しなるものとがんじょうなもの、燃えるものと燃えないもの。物質の性質を調べるとどのようなものに利用でき、どのようなものに利用できないのかがわかります。

質量と密度

ある物体をつくっている物質の量を質量という。地球上では物体を重力（p. 84）がひっぱっている。物体にはたらく重力の大きさを重量という。体積に対する質量の割合を密度という。同じ体積の羽根と比べると鉄は重い。鉄は密度の高い物質だ。

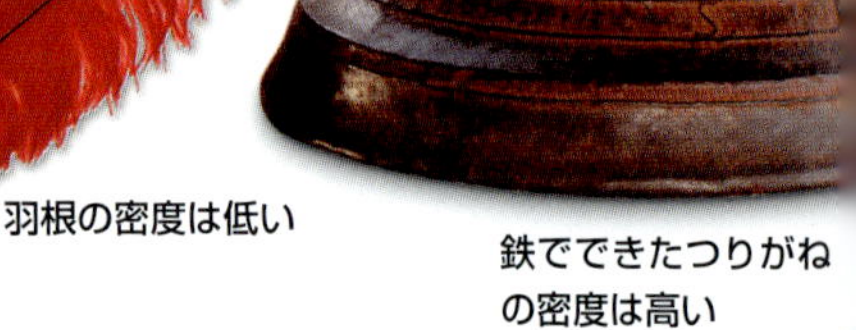

羽根の密度は低い

鉄でできたつりがねの密度は高い

もとにもどらない性質

物体が形を変えてもとにもどらない性質をそ性という。こねるといろいろな形になり、もとにもどらない粘土はそ性が高い。金属にはたたくと薄い板になる性質（展性）や、ひっぱると細い針金になる性質（延性）がある。このような性質もそ性の一種。

粘土はそ性が高い。おもちゃのナイフに力を加えると割れて、もとにはもどらない

1. 滑石
2. 石膏
3. 方解石
4. ほたる石
5. 燐灰石
6. 正長石
7. 石英
8. 黄玉
9. 鋼玉
10. ダイアモンド

かたさ

鉱物のかたさはモースの硬度計を使って調べる。硬度1（やわらかい）から10（とてもかたい）までの規準の鉱物と調べたい鉱物とをこすり合わせて、傷のつき方で硬度を決める。ダイアモンドはどの鉱物とこすり合わせても傷つかないが、滑石はほとんどの鉱物や、爪でも簡単に傷つく。

曲げやすさ

柔軟性のある物体は曲げることができる。柔軟性がとても高いとどのような向きに曲げてもすぐにもとの形、大きさ、位置にもどる。曲げてももとにもどる性質を弾性という。ゴムひもは弾性体。物体に力を加えて曲げていくともとにもどらなくなる点がある。このような点を弾性限界という。

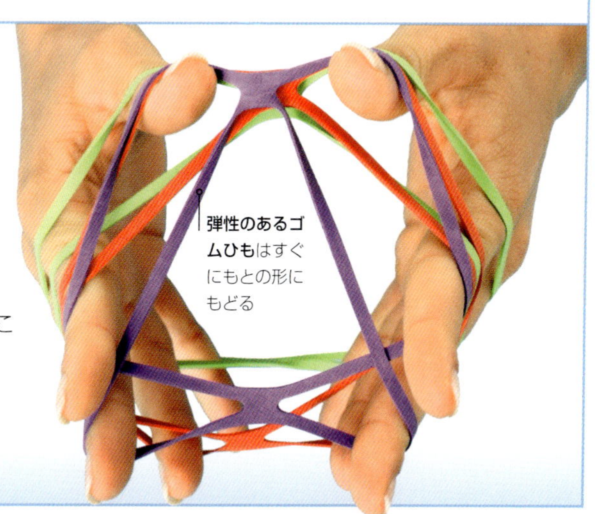

弾性のあるゴムひもはすぐにもとの形にもどる

燃えやすさ

可燃性の物質は簡単に火がつき燃える。石油など可燃性の高い物質は危険だが役にも立つ。可燃性の物質は燃えるときに熱を出す。燃えない性質を不燃性という。

溶けやすさ

物質が液体に溶ける性質を可溶性、可溶性の物質を溶かす液体を溶媒という。水はたくさんの種類の物質を溶かすので万能溶媒とよばれる。可溶性であれば固体も液体も気体も溶媒に溶ける。

過マンガン酸カリウムは水に**溶ける**固体の化合物

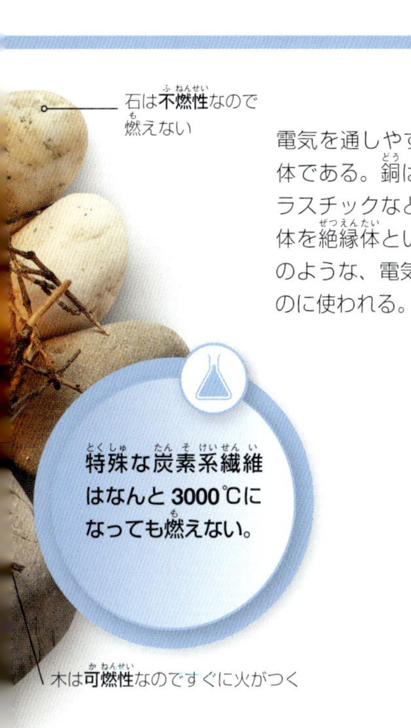

石は不燃性なので燃えない

特殊な炭素系繊維はなんと3000℃になっても燃えない。

木は可燃性なのですぐに火がつく

電気を伝える性質

電気を通しやすい物体を導体という。金属は導体である。銅は電線に使われる。ガラスやプラスチックなどほとんど電気を通さない物体を絶縁体という。絶縁体はヘルメットのような、電気が流れてはいけないものに使われる。

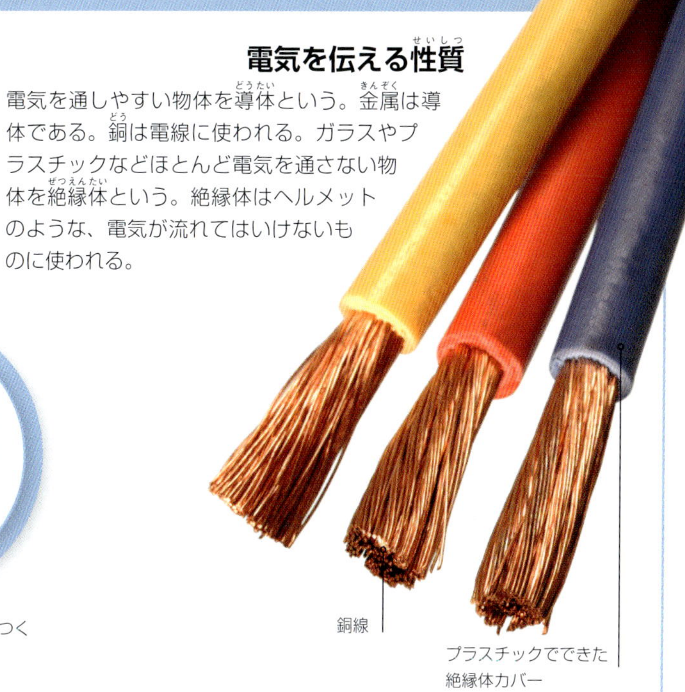

銅線

プラスチックでできた絶縁体カバー

熱を伝える性質

金属は熱をよく伝える熱伝導体。ガラスやプラスチックは熱をあまり伝えない熱絶縁体。熱絶縁体には熱を逃がさないはたらきがある。

金属のなべはガスの熱をなべの中の食べ物まで伝える

原　　子

原子はすべてのものをつくりあげている小さな積み木のようなものです。あなたの体も原子の集まりです。原子はあまりに小さすぎて顕微鏡でも見えません。この小さな点「・」の中にも何十億個という原子がつまっています。その原子もさらに小さな粒子（陽子、中性子、電子）からできています。

原子の中

原子は３種類の小さな粒子からできている。中心の原子核には正の電気をおびた陽子と電気をおびていない中性子がある。原子核のまわりを負の電気をおびた、さらに小さな電子がものすごい速さで回っている。３種類とも小さすぎるので原子の大部分はほとんどからの状態だ。

原子核をつくっている**中性子**は電気をおびていない

炭素原子の中には６個の中性子と６個の陽子と６個の電子がある

負の電気をおびた**電子**は原子核のまわりの軌道の上を回っている

原子核の中には正の電気をおびた**陽子**がある

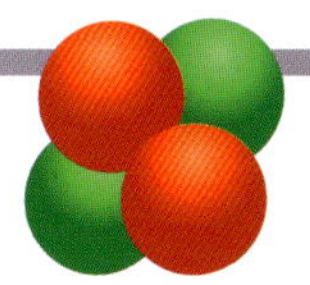

ヘリウムの原子核

マグネシウムの原子核

いろいろな原子

原子の中の陽子と中性子と電子の数はヘリウム原子ではわずか2個ずつ。一方、マグネシウム原子では12個ずつ。原子は電子をなくしたり、もらったりして電気をおびた粒子になることがある。このような粒子をイオンという。電子をなくすと正の電気をおびた陽イオン、もらうと負の電気をおびた陰イオンになる。

粒子加速器

特別な装置を使い高速で動く粒子をつくって原子核に衝突させ、原子核の構造を研究する方法がある。高速の粒子をつくる装置を粒子加速器という。スイスの欧州原子核研究機構（CERN）には大型ハドロン衝突型加速器（写真）がある。

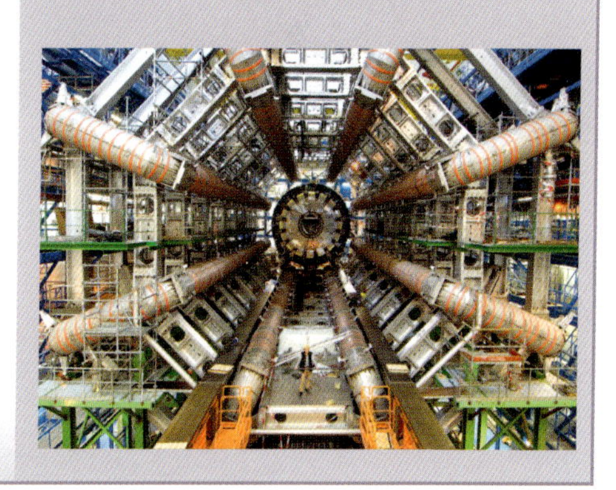

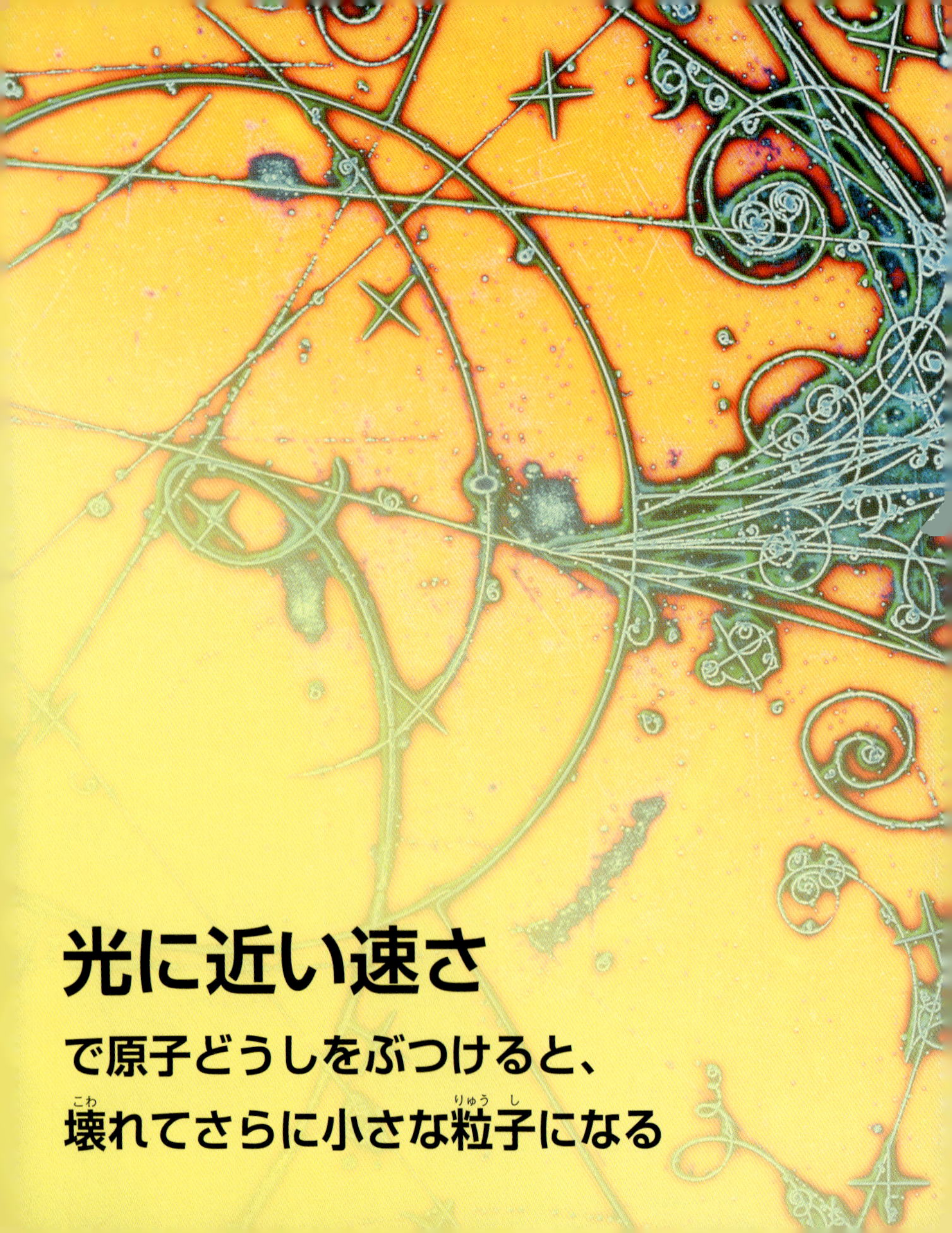

光に近い速さ

で原子どうしをぶつけると、
壊れてさらに小さな粒子になる

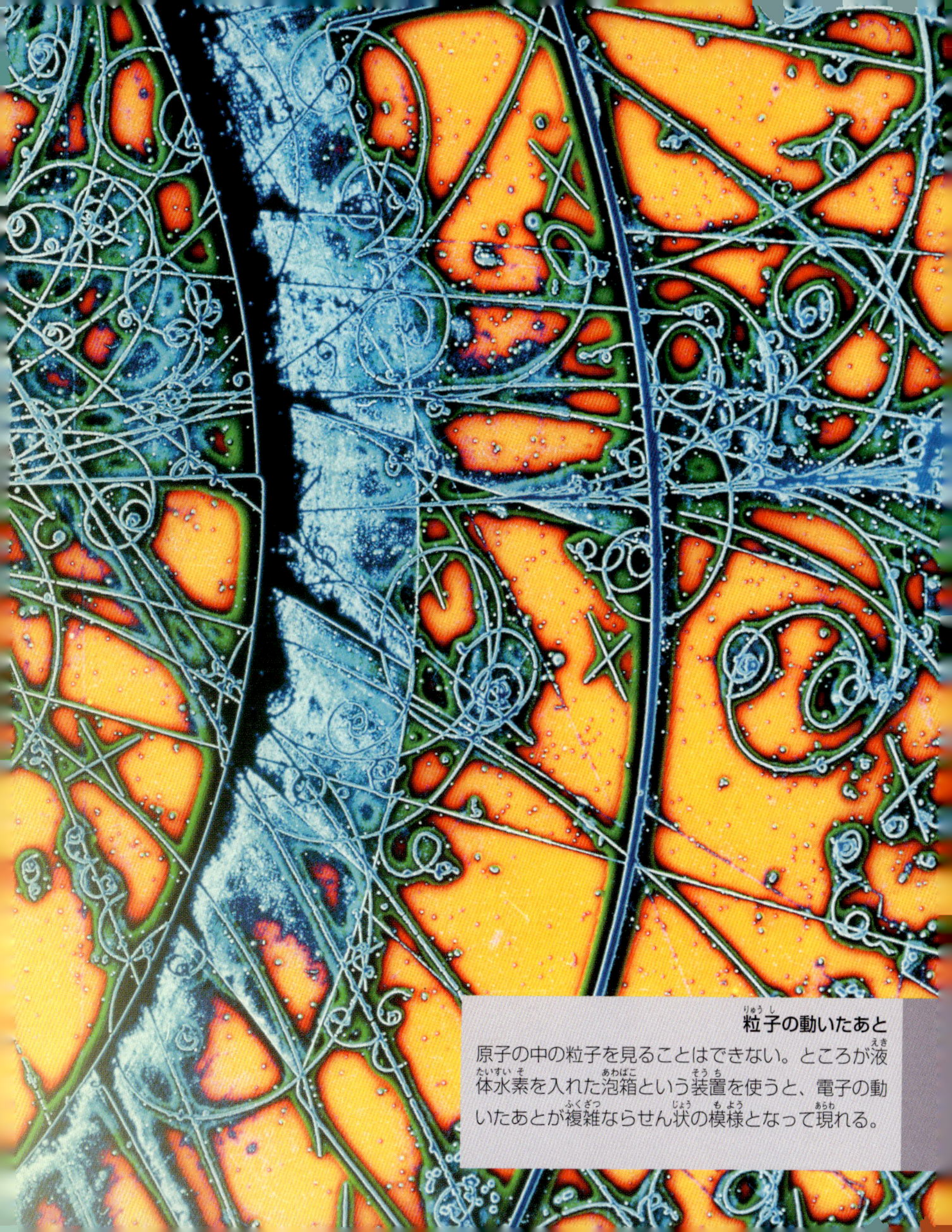

粒子の動いたあと

原子の中の粒子を見ることはできない。ところが液体水素を入れた泡箱という装置を使うと、電子の動いたあとが複雑ならせん状の模様となって現れる。

分　子

原子は同じ種類の原子か別の種類の原子と結びついて分子になります。原子どうしが結びつくことができるのは原子核のまわりを回る電子をいっしょに使うからです。このような結びつき方を化学結合といいます。

簡単な分子

酸素はたいてい原子ではなく分子の形で存在する。酸素分子は2個の酸素原子が化学的に結びついたもの。空気中の酸素も原子ではなく分子の形で存在する。

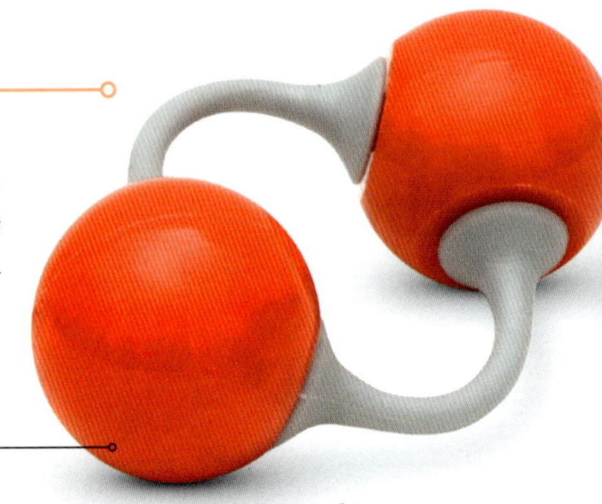

酸素分子のモデル

硫黄分子のモデル

複雑な分子

硫黄分子は8個の硫黄原子が輪のようにつながったもの。分子をつくる原子の種類と数は化学式で表される。たとえば硫黄は化学記号でS。これが8個あるので硫黄分子の化学式はS_8となる。

鉛筆のしんは黒鉛でできている

黒鉛の原子モデル

ダイアモンドの原子モデル

結びつき方のちがい

同じ原子でも結びつき方がちがうと別の物質ができる。たとえば炭素原子が平らな面のようにつながると黒鉛になる。たて横に組んだ格子のようにつながるとダイアモンドになる。

複雑な鎖

簡単な分子は2、3個の原子でできている。複雑な分子になると数百個、中には数千個の原子が鎖のようにつながったものもある。ビタミンAの分子も50個ほどの原子でできている。

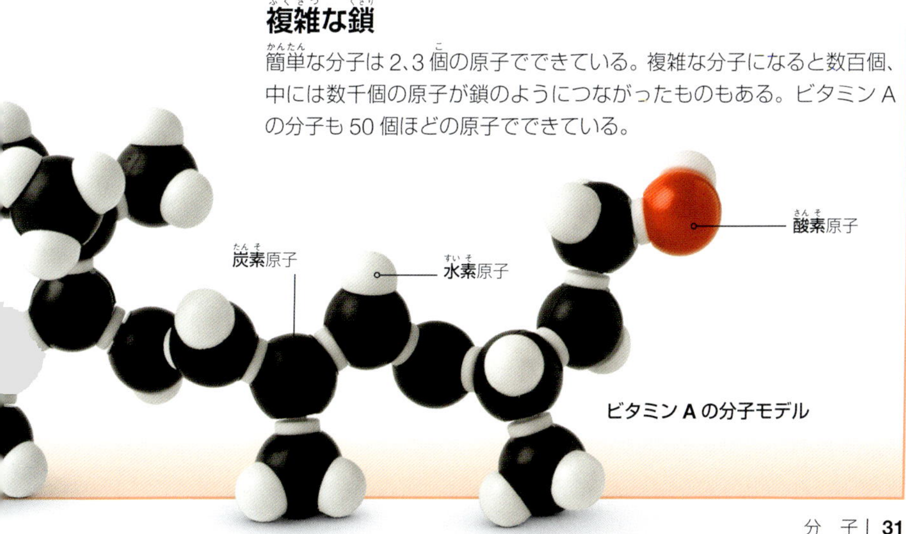

ビタミンAの分子モデル

元素 げんそ

すべての原子は陽子と中性子と電子からできています。原子の種類は陽子と中性子と電子の数で決まり、同じ種類の原子をまとめて元素とよびます。同じ元素の原子は同じ性質を示します。

元素のグループ分け

原子の中の陽子の数を原子番号という。元素を原子番号の順に並べると周期表（p. 144 ～ 145）ができる。元素ごとに性質はちがうが、中には似た性質のものがある。このような性質をもとに元素をグループに分けることができる。

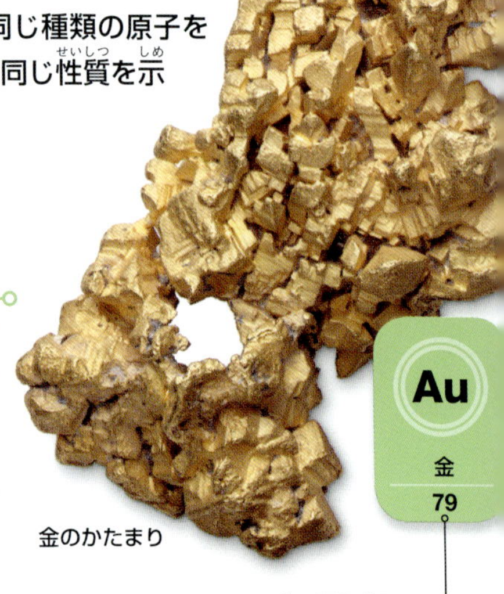

金のかたまり

金の原子番号は 79

アルカリ金属元素

周期表で最初に出てくるグループはリチウムやナトリウムなどのアルカリ金属。どれもやわらかい。水と反応しやすくアルカリ性溶液をつくる。

ナトリウムは水と反応すると熱を出して溶ける。燃えているのは反応してできた水素

遷移金属元素

わたしたちのまわりには金や鉄や銅といった金属がたくさんある。ほとんどの金属は遷移金属というグループに入る。磁場（p. 63）をつくる金属や、熱や電気をよく伝える金属もこのグループ。

エジプトのツタンカーメン王の仮面は遷移金属の金でできている

アルカリ土類金属元素

このグループにはマグネシウム、カルシウム、バリウム、ラジウムが入る。アルカリ金属ほどではないが反応しやすい。アルカリ土類金属は地殻や体の中にたくさんある。骨にはカルシウムが含まれている。

石灰岩はアルカリ土類金属元素の**カルシウム**を含む

トルコのパムッカレ。温泉といっしょに流れ出た石灰岩が積もってできた階段のような地形

希ガス元素

ヘリウム、ネオン、アルゴン、クリプトン、キセノン、ラドンをまとめて希ガスという。希ガスは色もにおいもなく、ほかの元素と反応して化合物をつくることもあまりない。けれどもいろいろなところで利用されている。電灯もそう。希ガスの中には電気が通ると明るく輝くものが多い。ヘリウムは空気より軽いので風船や飛行船に使われる。

ネオンサインとよばれる蛍光色の看板はネオンの放つ光を利用している

卑金属元素と半金属元素

卑金属は遷移金属よりも低い温度で溶ける。合金の材料になる。スズを銅に混ぜると青銅になる。半金属は金属と卑金属、両方の性質をもつ。ケイ素は金属のように輝き、卑金属のように壊れやすい。

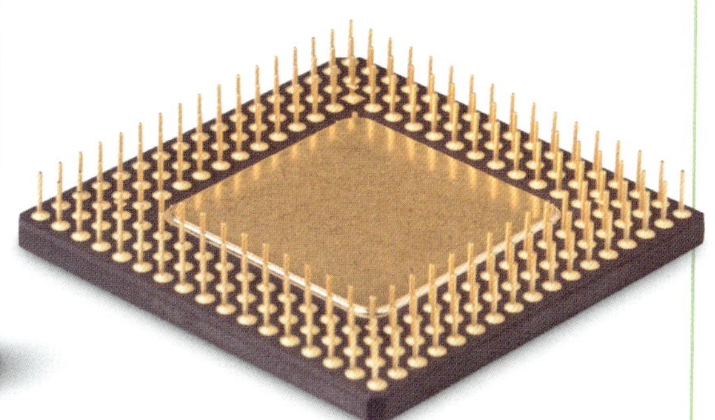

卑金属のスズはさびないので缶詰の缶に使われる

コンピュータチップには半金属のケイ素（シリコン）が使われる

非金属元素

理的にも化学的にも金属とはちがう性質
もつ。非金属は熱も電気もあまり通さな
。非金属のかたまりはたいていやわらか
壊れやすい。空気に含まれる窒素や酸素
非金属元素。

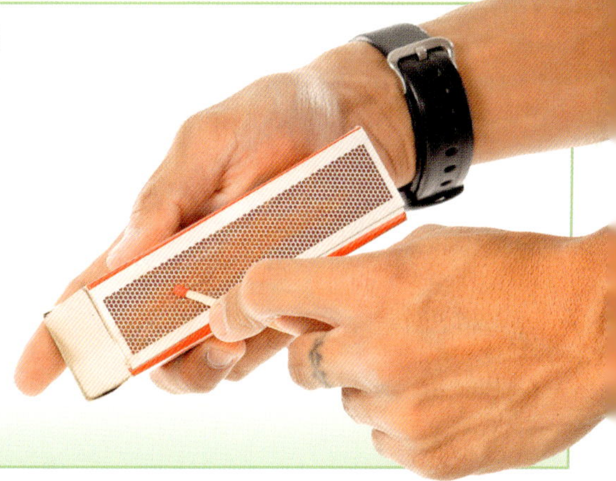

マッチ箱のマッチをこすりつける部分には非金属元素のリンが塗られている

混合物と化合物 こんごうぶつとかごうぶつ

ちがう種類の元素を結びつけると新しい種類の物質ができます。原子や分子が化学的に結びついてできた物質を化合物といいます。化学反応を起こさず、泥に水を混ぜたときのように混ざっている状態の物質を混合物といいます。

水素原子２個と酸素原子１個を結びつけると水分子ができる

ナイアガラの滝（カナダ）を流れる水

化合物

化合物と化合物をつくっている元素とはたいてい性質がちがう。水素も酸素も見えないし、におわない。けれどもこの二つを化学的に結びつけると水ができる。

混合物

混合物には大きく分けて溶液とけんだく液の２種類がある。別の液体に物質がむらなく混じりあった状態が溶液。溶液では溶ける物質は原子や分子に分かれ溶媒の分子と混ざりあう。けんだく液では物質は分かれず粒子のまま液体の中に浮く。

インクは水に**むらなく混じって**溶液をつくる

溶　液

けんだく液

水に溶けている泥は**むらがある**

合　金

金属に別の金属を混ぜたり、金属以外の物質を混ぜたりすると合金ができる。合金はもとの金属や物質とはちがう性質をもつ。たとえば銅とスズの合金の青銅は銅やスズよりもずっとかたい。

車輪の金属部分には合金がよく使われる

混合物を分ける

混合物から物質をとりだす（分離する）にはろ過、蒸留、抽出などいくつかの方法がある。蒸留法の場合は混合物を温める。すると沸点の低い物質から気体になって出てくる。あとには沸点の高い物質が残る。塩水を蒸留すると真水をとりだせる。

原油を蒸留して石油をとりだす

反応と変化 はんのうとへんか

物質の状態が変わることを物理変化といいます。物質をつくる分子の中の原子の並び方が変わり別の物質ができることを化学変化といいます。物理変化をした物質はわりと簡単にもとにもどせますが、化学変化をした物質はもとにもどせません。

化学反応

物質を温めたり、物質が別の物質とふれたりすると化学反応が起こる。材料を熱して調理すると化学反応が起こり、見かけや舌ざわりや味が変わる。

小麦粉

バター

卵

物理変化

物理変化のわかりやすい例はろうそく。ろうそくを温めると融けて液体に変わる。このとき変化したのは状態だけで物質の分子は同じまま。型に入れて冷やすともとのろうそくにもどる。

砂糖

ベーキングパウダー

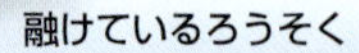

融けているろうそく

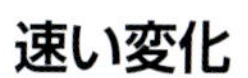

速い変化

短い時間で反応すると変化は突然起こる。重曹と酢を混ぜるとすぐに反応して液体が吹き出す。変化の速さは変えることもできる。ジャガイモを小さく切ってお湯の中で温めると、丸ごと温めるよりも早くやわらかくなる。小さい方が中心まで熱が伝わりやすいからだ。

焼いたケーキは材料とは化学的に別のもの

重曹と酢を混ぜるとすぐに二酸化炭素という気体が発生する。そのいきおいはコルク栓を吹き飛ばす

遅い変化

とても長い時間をかけて進む反応もある。数日、数週間、数年かかることもある。金属を湿った空気中に置くと酸素にふれて少しずつさびる。

鉄合金を含む車はさびる

車についている
触媒装置

触　媒

自らは反応しないで、反応する速さを変える物質を触媒という。車には触媒を利用して排出ガスを無害にする装置がついている。触媒には反応を速くする触媒と、遅くする触媒（反応抑制剤）がある。食べ物を長い間新鮮に保つために加える防腐剤も反応抑制剤の一種。

熱を出す反応

熱や光を出す反応を発熱反応という。酸と塩基の反応（p. 44 ～ 45）は熱を出す。燃料が熱や光を出しながら燃える現象も燃焼という発熱反応。燃料を燃やして出てくるエネルギーは車を動かしたり電力に利用されたりする。

油にひたした芯を燃やすと
光や熱が出る

冷える反応

吸熱反応は熱を吸収して分子を変化させる。発熱反応とは反対の現象だ。ねんざの手当に使う急冷パックの中身は水と塩化アンモニウム。水と塩化アンモニウムが混ざると吸熱反応が起こる。急冷パックはこの冷える現象を利用している。

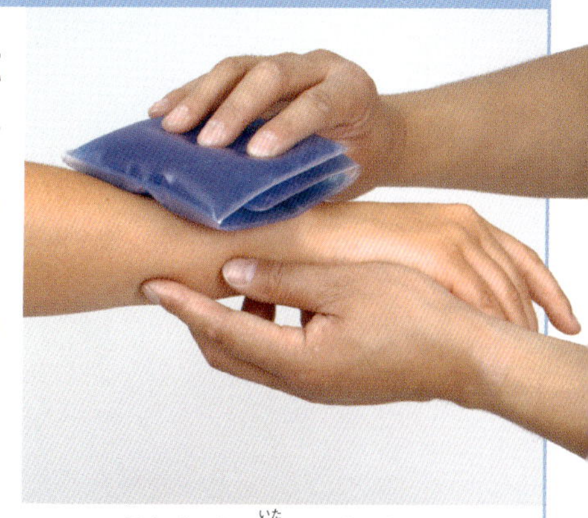

急冷パックで痛めた手を冷やす

人工素材

化学反応を利用して自然にはない物質をつくりだすことができる。分子を繰り返し長くつなげていくと空気を通し、水を通さない物質ができる。このような物質を使った人工素材は野外活動用の衣類にも使われる。

人工素材を使った防水服はスキーや山登りで活躍する

目に見える反応

身近な発熱反応といえば花火がある。花火は熱と光を出す。火のついた導火線が燃えつきると火薬と金属の粉末が爆発して、大きな音とともに光の花が開く。

2006年にポルトガルの
マデイラ島で打ち上げられ
た花火は世界最大級の
66,326発

酸と塩基 さんとえんき

酸と塩基は化学的には反対の性質です。水に溶かすと酸は正の電気をおびた水素イオンを出し、塩基は負の電気をおびた水酸化物イオンを出します。酸と塩基が結びついてできた物質には食塩やせっけんなど役に立つものが多いです。

酸

強い酸はほかの物質の性質を変えて壊してしまう。このような作用を腐食という。レモン汁や酢など弱い酸はすっぱい味がする。家庭で使う洗剤には酸を使ったものが多い。

レモンはクエン酸を含む

貝がらは炭酸カルシウムという塩基でできている

塩基とアルカリ性

強い塩基は強い酸と同じくらい危険だ。塩基がほ
の物質を壊す作用は腐食ではなく苛性という。水
化ナトリウム（苛性ソーダ）はアルミニウムや亜鉛
どの金属を溶かす。炭酸水素ナトリウム（重曹）は弱
塩基で、料理に使われる。水に溶けた塩基をアルカリ
いう。

粉せっけんは酸と塩基を
混ぜてつくられる

せっけん

酸と塩基を混ぜる

酸と塩基を混ぜると水と塩ができる。脂肪酸（体や食べ物に含まれる脂肪をつくる成分）に強い塩基を混ぜるとせっけんができる。塩基の種類によってせっけんはかたくなったりやわらかくなったりする。

酸と塩基の強さ

酸と塩基の強弱はpH（水素イオン指数）で表す。pH 0が一番強い酸性、pH 14が一番強いアルカリ性。真水はpH 7で、酸性でもアルカリ性でもない中性。pHが変わると色が変わる薬品をpH指示薬という。物質のpHはリトマス試験紙などのpH指示薬ではかる。

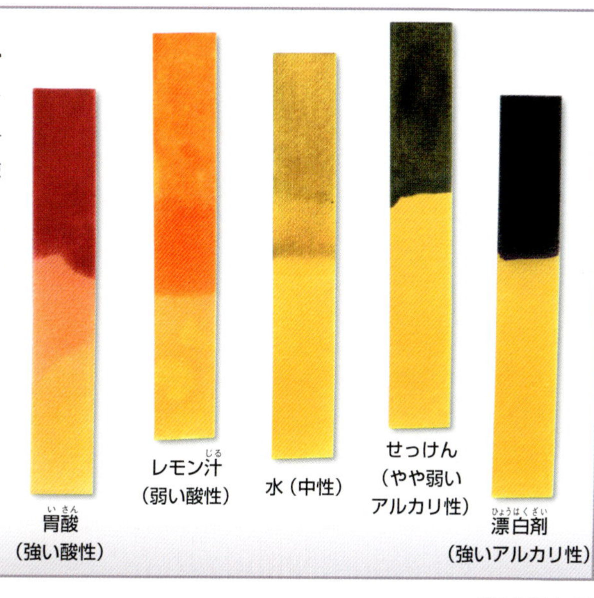

材料の利用

物をつくるもとになる物質を材料といいます。人間は昔からいろいろな材料を利用してきました。材料になるものは自然界にある物質や、自然界の物質に手を加えてできた別の物質です。やわらかい粘土を焼いた陶器、砂を溶かしてさましたガラス、鉄と炭素を結びつけた鋼鉄などは人がつくりだした材料です。

ガラス

ガラスはシリカ（砂の主成分）とソーダ灰と石灰石からつくられる。息を吹いてびんや器にしたり、平らに伸ばして窓ガラスにしたりと、いろいろな形に仕上げることができる。別の物質を加えれば色つきガラスや熱に強いガラスになる。

溶けた状態のガラスをふくらませたり、型に入れたりするといろいろな形ができる

加工された材料

加工されて別の形の材料に変わる材料もたくさんある。たとえば木。切って製材すると建築用木材になる。くだいて繊維だけをとりだすと紙の原料になる。使い終わった紙を引き裂いてのりと混ぜると張りぼての材料として再利用できる。

きれいな色の張りぼてでかざられたカーニバルの山車

リサイクル

物や材料の中には、使い古していても少し手を加えて繰り返し使われるものがある。古くなったタイヤは溝を新しくしてもう一度利用する。ある物を別の物につくりかえてもう一度利用することをリサイクル（再生利用）という。アルミニウム缶、新聞紙、ガラスびん、電子部品もたいていリサイクルされる。

リサイクル用回収箱に積み上げられた古いコンピュータ基板

エネルギーと力

どのような物体にもエネルギーと力が影響を及ぼしています。ジェットコースターのしくみを考えるとよくわかります。まず燃料でエネルギーをつくります。そのエネルギーが生みだす力でコースターを一番高いところまで引き上げます。ここでコースターのもっていた位置エネルギーが重力によって運動エネルギーに変えられていっきに下ります。

電気エネルギー

コンピュータは電気エネルギーを使っていろいろな情報を処理し、その結果を画面に表示する。

エネルギーとは？

ある物体が別の物体を動かす能力をエネルギーといいます。エネルギーは伝わります。たとえば人がボールをけるとエネルギーが伝わってボールが飛びます。エネルギーは形を変えます。車が動くのはガソリンの化学エネルギーが運動エネルギーに変わるからです。

運動エネルギー

運動している物体がもつエネルギーを運動エネルギーという。飛んでいるボールも、かけおりるジェットコースターも運動エネルギーをもつ。物体が重いほど、また速く動くほど運動エネルギーは大きくなる。

飛んでいるボールは
運動エネルギーをもつ

化学エネルギー

物質にたくわえられているエネルギーを化学エネルギーという。化学エネルギーをとりだすには化学反応を起こさなくてはならない。食べ物も化学エネルギーをたくわえている。わたしたちは体の中で食べ物を分解して代謝という化学反応を行い、食べ物から化学エネルギーをとりだす。

食べ物は化学エネルギーをたくわえている

電池にたくわえられている化学エネルギーは電気エネルギーに変わる

位置エネルギー

物体は置かれた位置によってエネルギーをもち、位置を変えることによってそのエネルギーを放出する。このようなエネルギーを位置エネルギーという。針金を巻いたバネは位置エネルギーのひとつ弾性エネルギーをもつ。アーチェリーの弓も矢を引いたときは弾性エネルギーをもつ。まっすぐな針金や、引かれていない弓は弾性エネルギーはもたない。

弓の弦には弾性エネルギーがたくわえられている

エネルギーの流れ

エネルギーはいろいろな形に変わる。太陽の熱エネルギーは植物では糖の中に化学エネルギーとしてたくわえられる。エネルギーの流れ（下の写真）を見るとエネルギーがどのように形を変えていくかがわかる。

太陽の中の**核エネルギー**は熱や光エネルギーに変えられ地球に届く。

緑の葉は光合成（p 115）のはたらきで太陽の**光エネルギー**を**化学エネルギー**に変え糖の中にたくわえる。糖は葉から果実に移動する。

エネルギー資源

家や工場に送られてくる電気は発電所でいろいろなエネルギー資源からつくられている。エネルギー資源には太陽光、風力、原子力などがある。いちばん多く利用されているエネルギー資源は石油、石炭、天然ガスといった化石燃料。

風　車

果実を食べると化学エネルギーは体にとりこまれ、さまざまな活動に使われる。たとえば時計のねじを巻くと、体の中の化学エネルギーは手の動きを通して時計のバネに伝わり**弾性エネルギー**に変わる。

バネのもつ弾性エネルギーは時計のベルの**運動エネルギー**と**音エネルギー**に変わる。バネが伸びるまでベルは鳴り続けてやがて弾性エネルギーがなくなり鳴りやむ。

エネルギーの節約

化石燃料はいつかなくなるときがくる。そのとき世界はエネルギー不足におちいるかもしれない。エネルギーをあまり使わない電球や断熱性の高い家などエネルギーを節約する工夫は大切だ。太陽光や風力といった再生可能エネルギーの研究も世界各国で進められている。

太陽光パネルは太陽光を吸収して電気をつくる

原子力

原子核の中にはとてつもない量のエネルギーが閉じこめられています。1個の原子核が2個に分かれると、このエネルギーが外に出されます。2個の原子核が反応して1個の原子核になるときにも大きなエネルギーが出されます。

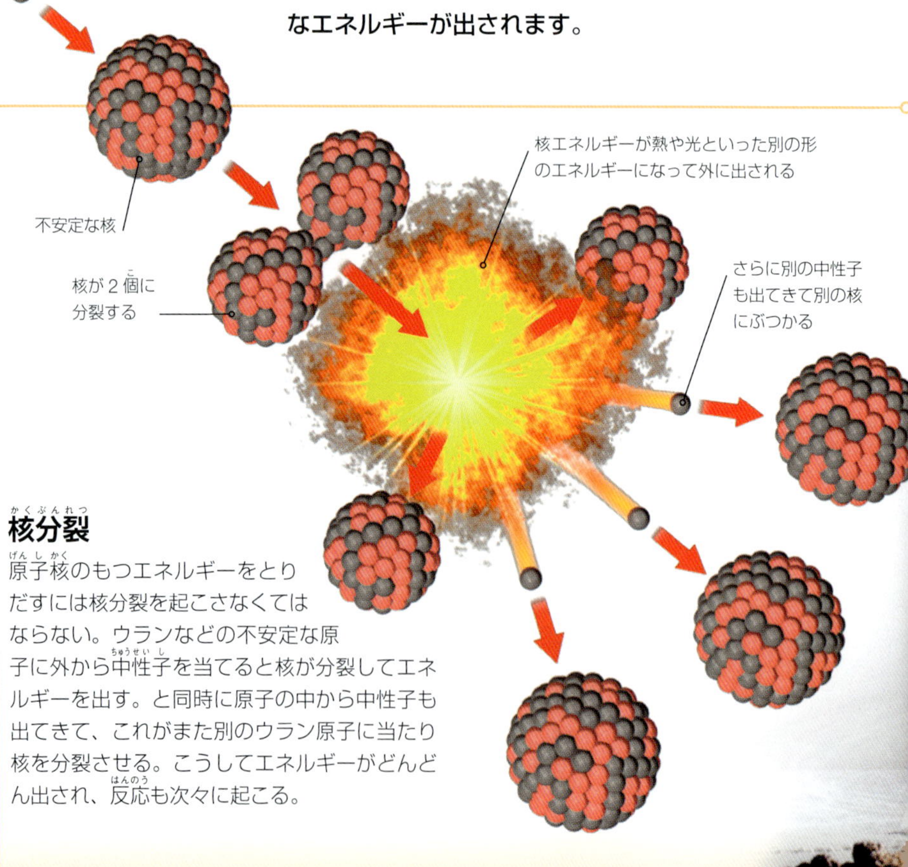

中性子
不安定な核
核が2個に分裂する
核エネルギーが熱や光といった別の形のエネルギーになって外に出される
さらに別の中性子も出てきて別の核にぶつかる

核分裂

原子核のもつエネルギーをとりだすには核分裂を起こさなくてはならない。ウランなどの不安定な原子に外から中性子を当てると核が分裂してエネルギーを出す。と同時に原子の中から中性子も出てきて、これがまた別のウラン原子に当たり核を分裂させる。こうしてエネルギーがどんどん出され、反応も次々に起こる。

原子力発電所

核分裂の利用

原子力発電所では核分裂反応を起こして電気をつくる。核分裂反応ではわずかな量の燃料（ウランやプルトニウムなど）で大きなエネルギーが発生し、水を超高温にする。超高温の水は高圧の蒸気に変えられてタービンという羽根車を動かす。タービンは発電機を動かし電気をつくる。

核爆発

核分裂を利用する原子力爆弾（原爆）はとても大きくて強いエネルギーを生み、あらゆるものを破壊する。水素爆弾（水爆）は核融合と核分裂の両方を利用して爆発を起こす。その威力は原爆の数千倍にもなる。

1957 年にアメリカが行った核実験でできた大きなきのこ雲。煙、ちりなどでできている

星の力

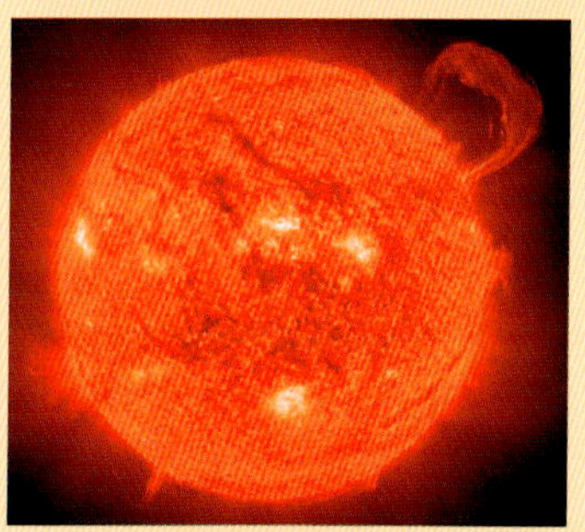

太陽はぼう大なエネルギーを出している

核と核を結びつけて別の原子をつくる核融合でもエネルギーが出される。太陽の中心では 1 秒間に 6 億 3500 万トンの水素がヘリウムに変わっている。この核融合反応のつくるエネルギーが太陽のエネルギー。

電　気

原子の中には正の電気をおびた陽子と負の電気をおび
た電子があります。電子は動くことができ、次から次
へと動くことによって電子の流れが生まれます。これ
が電気です。ある物体から別の物体へ電子が移ると、
もとの物体は正、別の物体は負の電気をおび、大きな
力が生まれることもあります。

いなづま

雷雲の中では小さな氷の粒がこすり合うようにぶつかり、粒か
ら粒へ電子が動く。すると雲の下の方に負の電気がたまる。と
てもたくさんの電気がたまると雲から別の雲や地上に強い電流
が流れる。この現象をいなづまという。

いなづまは空を照らす

同じ種類の電気をおびた粒子は反発し合うので髪の毛どうしは離れる

静電気

ある物体にたまったまま動かない電気を静電気という。髪の毛と風船をこすり合わせると髪から風船へ電子が移動し、髪には正の電気、風船には負の電気がたまる。反対の電気をおびた粒子は引き合うので髪の毛は風船にくっつく。

電気の流れ

発電所でつくられた電気は送電線を通って遠く離れた家や会社に届けられる。送電線は電気を伝えやすい材料（p. 25）でできている。鉄塔にはセラミックス製の絶縁体がついているので電気は流れない。

鉄塔は送電線を支えている

電気の利用

わたしたちのまわりにある電気はいろいろな方法でつくられます。町から遠く離れた大きな発電所ではたくさんの電気をつくります。発電所ほどではないですが電池も電気をつくります。懐中電灯や携帯電話は電池で動きます。電池があればどこででも電気を利用できます。

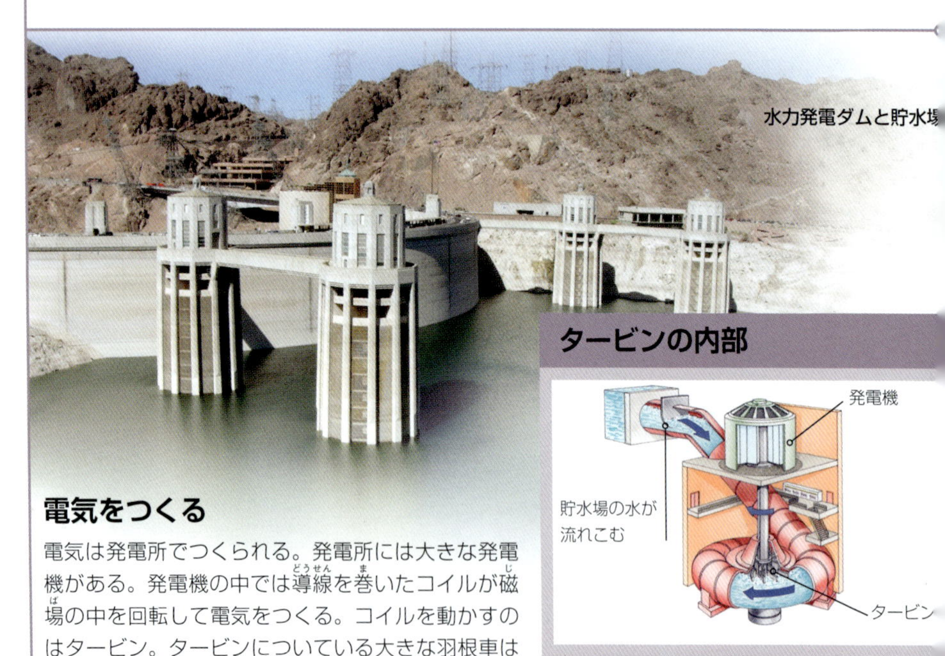

水力発電ダムと貯水場

タービンの内部

水力発電所では貯水場から流れこんだ水がタービンの羽根を回転させる。

電気をつくる

電気は発電所でつくられる。発電所には大きな発電機がある。発電機の中では導線を巻いたコイルが磁場の中を回転して電気をつくる。コイルを動かすのはタービン。タービンについている大きな羽根車は蒸気や水の力で回転する。蒸気は石炭、石油、天然ガス、原子力によってつくられる。水力発電所では水の力でタービンを回転させる。

回　路

電気が流れるためには導線が途切れずにつながっていなければならない。このような導線を回路という。回路に電源（たとえば電池）と電気で動くもの（たとえば豆電球）とスイッチをつなぎスイッチを入れると、回路が完全につながって電気が流れる。

簡単な回路

電気をためる

電池の中では化学物質がエネルギーをためている。電池を回路につなぐと回路の中を電流が流れる。あまり電力を使わない小さな道具や持ち運ぶ道具などに使える電池はとても便利だ。

アメリカでは1950年から
2011年までの間に人口は
2倍に、電気の使用量は

13倍

以上にもなった

明るい光

人工衛星から夜のアメリカをながめると町のある場所が明るく輝いて見える。アメリカの電力発電量は世界第１位。第２位の中国の２倍以上もの電力をつくっている。

磁　力 じりょく

磁石がたがいに引き合ったり、反発し合ったりする力を磁力といいます。鉄やニッケルなど磁石に強く引きつけられる物質を強磁性体といいます。磁石には磁石の性質がいつまでもなくならない永久磁石と、電流を流したときだけ磁石の性質をもつ電磁石があります。

磁極と磁石の力

磁石の両方の端を磁極という。磁極にはS極とN極がある。2個の磁石を同じ極どうし向かい合わせにして近づけると反発し合う。S極とN極を近づけると引き合う。

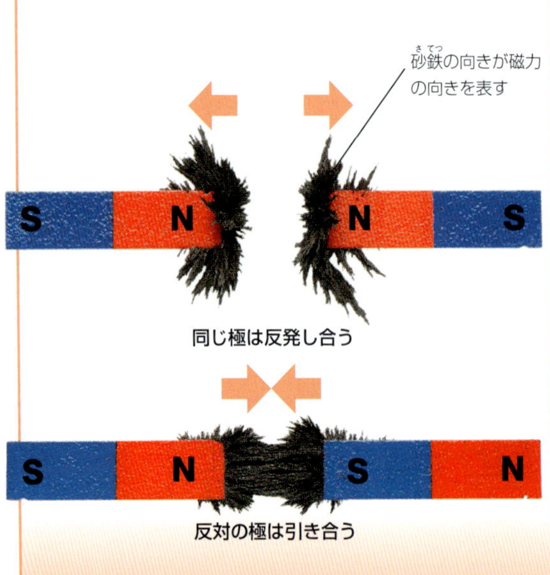
砂鉄の向きが磁力の向きを表す
S
N
N
S
S
N
S
N

同じ極は反発し合う

反対の極は引き合う

砂鉄は、磁場が一番強い磁極のまわりに集まる
N
N極

磁場

磁力がはたらいている磁石のまわりの空間を磁場という。磁場は磁極の近くが一番強い。磁石のまわりに砂鉄を置くと磁場の形がわかる。強い磁石ほど磁場も大きくなる。

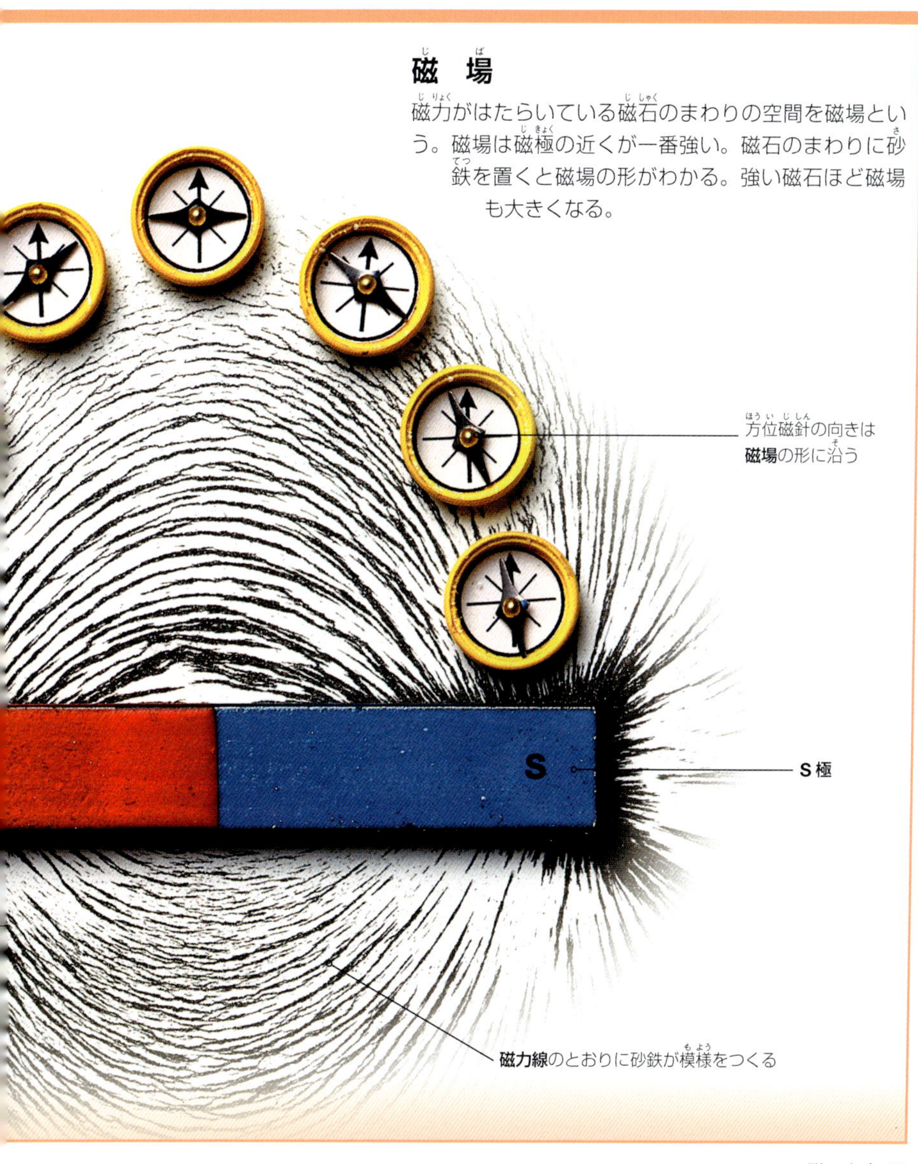

方位磁針の向きは**磁場**の形に沿う

S 極

磁力線のとおりに砂鉄が模様をつくる

動かす磁石　うごかすじしゃく

磁石はいろいろなところで利用されています。機械の中のモーターは小さな磁石の力で動きます。大きな磁石は列車も動かします。方位磁針は地球の磁性を利用して方位を示す磁石です。

電気モーター

写真のリモコンカーは、磁石がつくる回転運動を利用した電気モーターの力で走る。電気モーターはいろいろな機械で使われている。洗たく機やそうじ機は大きなモーター、腕時計は数ミリメートルの小型モーターで動く。

リニアモーターカー

リニアモーターカーは磁石の力
走る。列車とレールにつけた磁
のはたらきで、列車が地面か
10mm浮く。列車にエンジンは
く、列車の磁石とレールに並ぶ
石が次から次へとはたらきあっ
前に進む。時速600kmを出せる

地球と磁石

地球は巨大な磁石だ。地球の内部では溶けた金属が電流をつくり、この電流によって磁気が生まれ地球をとりまいている。方位磁針は地磁気に反応して方位を示す磁石だ。北極はS極なので方位磁針はN極が北を向く。

方位磁針

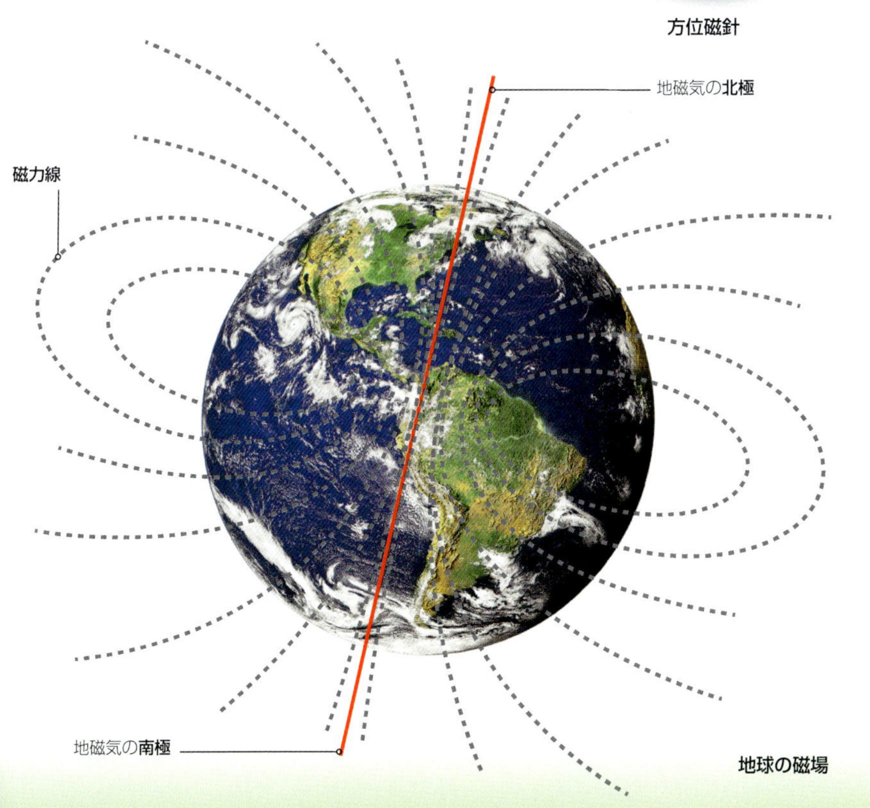

地球の磁場

電磁気力 でんじきりょく

電流のまわりには磁場ができます。鉄しんに導線を巻いて、導線に電流を流すと電磁石になります。電磁石は永久磁石とちがって、電流が流れているときだけ磁石のはたらきをします。

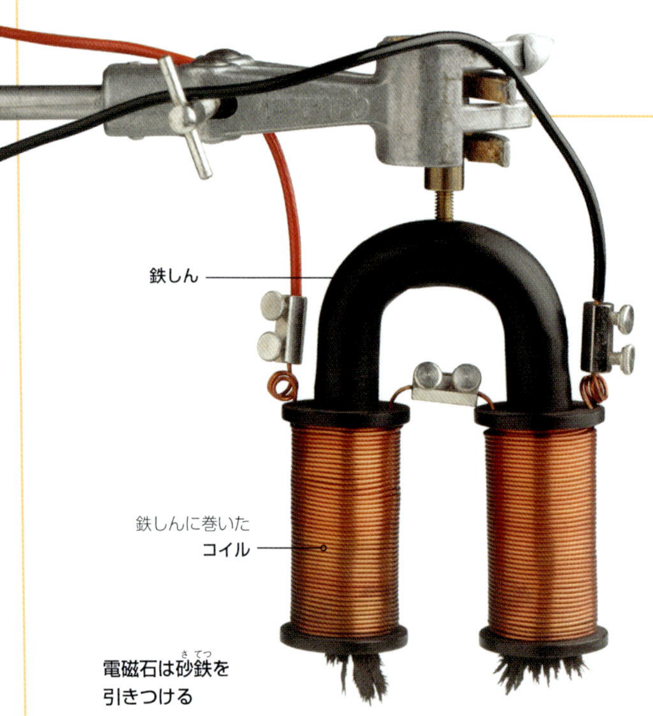

電磁石のつくり方

銅でできた導線を鉄しんのまわりにしっかりと何回も巻く（導線を巻いたものをコイルという）。導線に電流を流すと鉄しんが磁石に変わる。電流を強くして導線の巻き数をふやすと磁力は強くなる。

音を出す

スピーカーは電磁石を利用して音をつくる。スピーカーの中の小さな電磁石に電流が流れると、磁場が変化して振動板がふるえる。わたしたちの耳は振動板のふるえを音として聞く。電流の強さが変わるとスピーカーから出てくる音の大きさも変わる。

金属を持ち上げる

くず鉄置き場では強力な電磁石を使って重いものを持ち上げる。磁石に引きつけられるのは鉄などの磁性体だけだ。電磁石を利用すると磁性をもつ金属と磁性をもたない物体とを分けることができる。

電磁波の波長 でんじはのはちょう

電磁波とは秒速 30 万 km で波のように伝わるエネルギーです。これほど速く伝わるものはほかにありません。電磁波にはいろいろな種類があります。可視光線以外の電磁波はどれも目で見ることができません。

スペクトル

電磁波は波長のちがいによって大きく 7 種類に分けられる。波長が短いほどエネルギーが大きい。波長は長いもので数キロメートル、短いものになると原子 1 個分よりも短い。

赤外線（IR）：哺乳類など熱をもつ物体が出す熱線。見えない。

低エネルギーの波

電波：波長が一番長い電磁波。ラジオやテレビ、Wi-Fi に使われる。

マイクロ波：電子レンジに使われ食べ物を温める。携帯電話にも使われている。

可視光：虹の色をすべて含む。

X線：エネルギーが高く、いろいろな物体を通りぬける。手荷物検査ではX線を使ってかばんの中身を透視する。

高エネルギーの波

紫外線（UV）：日光に含まれる。皮ふに害をあたえるので日光に当たるときはサングラスや紫外線防止剤で目や皮ふを守る。

ガンマ線：一番エネルギーの高い電磁波。天文台では熱い恒星などの天体から飛んでくるガンマ線を観測する。

かに星雲のもとになった1054年の爆発は

とても明るかった

ので6京2000兆km

（6523光年）離れた地球からも

見ることができた

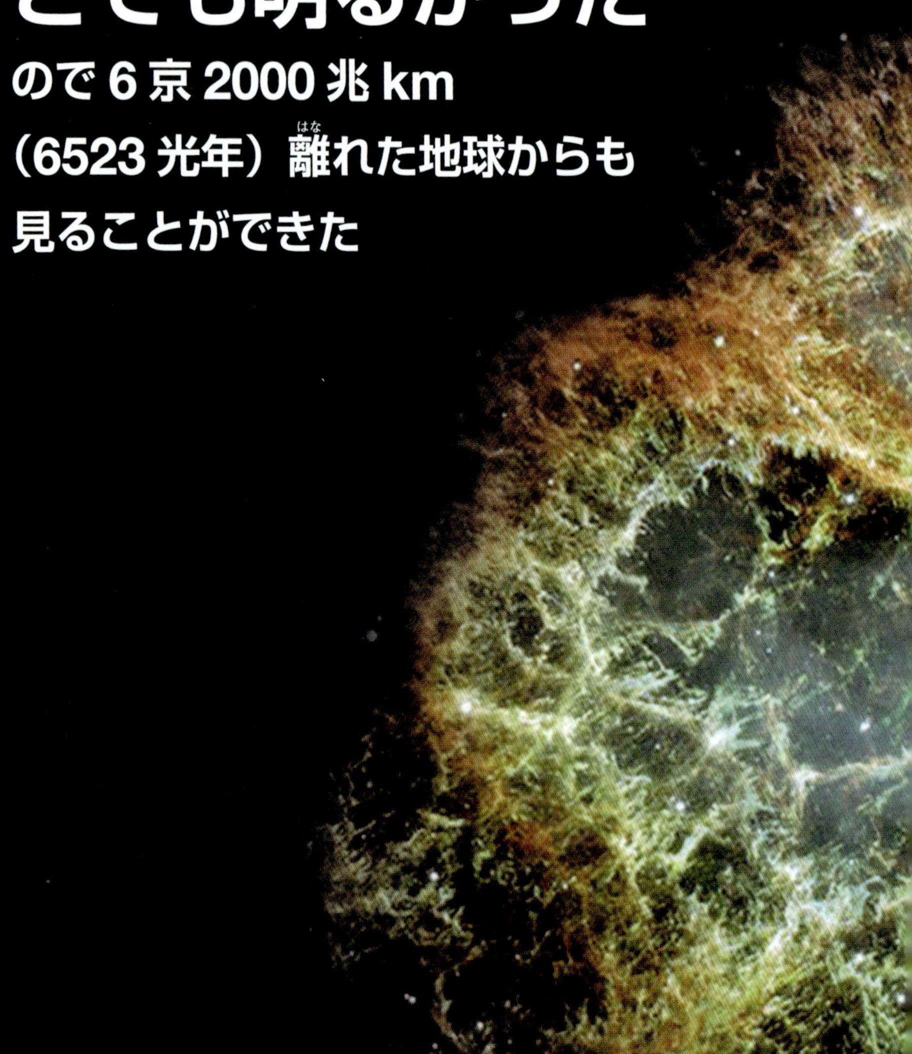

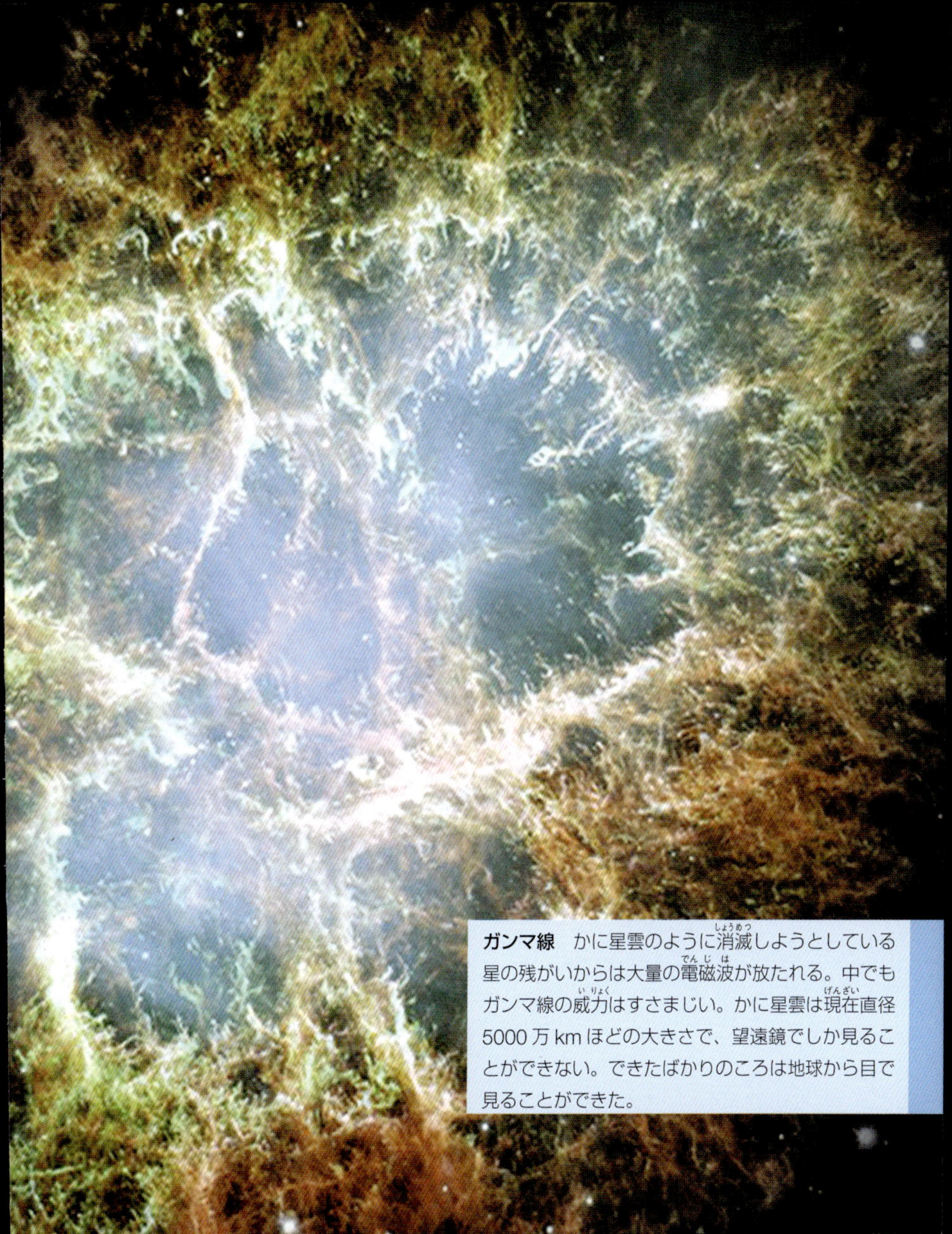

ガンマ線　かに星雲のように消滅しようとしている星の残がいからは大量の電磁波が放たれる。中でもガンマ線の威力はすさまじい。かに星雲は現在直径5000万kmほどの大きさで、望遠鏡でしか見ることができない。できたばかりのころは地球から目で見ることができた。

光

目で見ることのできる電磁波は光だけです。ほとんどの物体は光を吸収したり、反射したりします。とてもわずかですが光を出す物体もあります。一日中、明るい中で生活できるのは昼間は太陽、夜間は電灯のおかげです。

影をつくる

ガラスは光を通す透明な物体。木や金属は光を通さない不透明な物体。光の当たった不透明な物体の後ろ側は暗くなる。この部分を影という。

光を通さないボーダーの姿が
雪の上に影をつくる

光の速さ

真空（物質が何もない空間）では光は１秒間に30万km進む。光より速いものは存在しない。星や銀河のように遠く離れた物体の距離は、光が１年間に進む距離をもとにはかる。光は１年で約10兆km進む。この距離を１光年という。

アンドロメダ銀河は250万光年離れている

屈折と反射

光は同じ物質の中ならばまっすぐ進む。ところが物質が変わると進む方向を変える（屈折する）。ストローを水にいれると折れ曲がって見えるのも同じ理由だ。光はなめらかな表面に当たるとはね返る（反射する）。このとき光は当たった角度と同じ角度でもどってくる。

水と空気の境目でストローは曲がって見える。光が屈折するからだ

鏡の反射

光の利用

光がないと何も見えません。どちらに進めばよいのかもわかりません。太古の昔、わたしたちの祖先(そせん)は太陽の光だけをたよりに暮(く)らしていました。太陽が沈(しず)んで暗くなれば眠(ねむ)りにつきました。現代(げんだい)では人工の光が世界中を明るく照らし出しています。

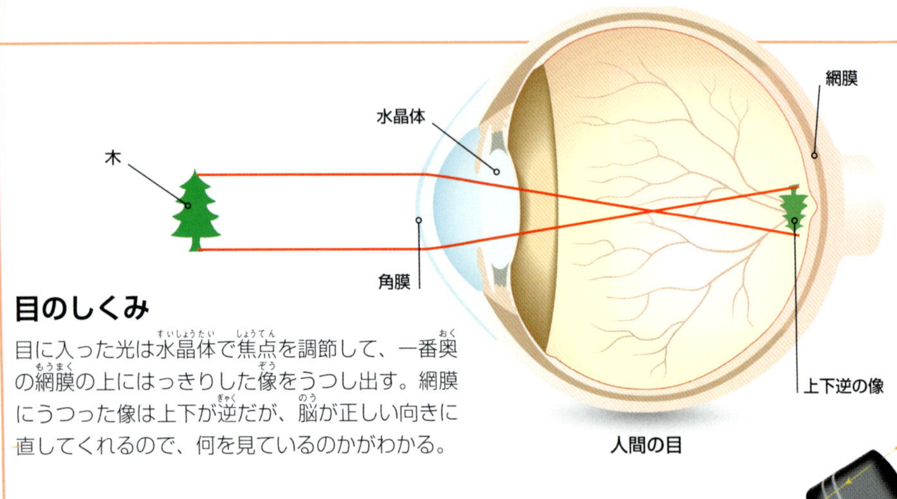

目のしくみ

目に入った光は水晶体(すいしょうたい)で焦点(しょうてん)を調節して、一番奥(おく)の網膜(もうまく)の上にはっきりした像(ぞう)をうつし出す。網膜にうつった像は上下が逆(ぎゃく)だが、脳(のう)が正しい向きに直してくれるので、何を見ているのかがわかる。

望遠鏡

望遠鏡は惑星(わくせい)や星など遠く離(はな)れた物体の光を集める。集まった光はレンズと鏡を通るときに曲がり、はっきりした像(ぞう)をつくる。望遠鏡で見ると実際(じっさい)よりも近くに見える。

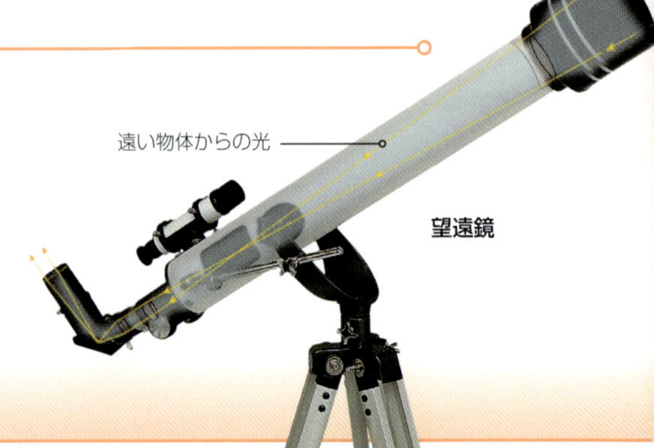

カメラ

カメラもわたしたちの目と同じように光を集め曲げてはっきりした像をつくる。レンズを通り焦点が調節された像は光に反応するフィルムやマイクロチップに記録される。

何枚ものレンズを通った光は焦点がぴったりあったきれいな像をつくる

暗やみを照らす

電灯は電気のエネルギーを光に変えたもの。白熱電球では細い金属線に電気を流して発熱させ出てくる光を利用する。蛍光灯では気体のつまったガラス管に電気を通し管に塗った蛍光物質の出す光を利用する。

ペナン（マレーシア）の夜を照らす電気の光

放射線 ほうしゃせん

原子の中には長い時間をかけて原子核から粒子とエネルギーを出して変化していくものがあります。このような変化を放射性崩壊、出てくるエネルギーを放射線といいます。土や空気、食べ物からもわずかに放射線が放出されています。

放射線の種類

放射線にはアルファ粒子、ベータ粒子、ガンマ線の3種類がある。正の電荷をもつアルファ粒子はゆっくり動き、物質を通りぬけられない。負の電荷をもつベータ粒子は速く動く。ガンマ線は電磁波（p. 68～69）のひとつで電荷はもたない。

X線の研究をしていたフランスの物理学者アンリ・ベクレルが1986年にウラン鉱石からの放射線放出を発見した。

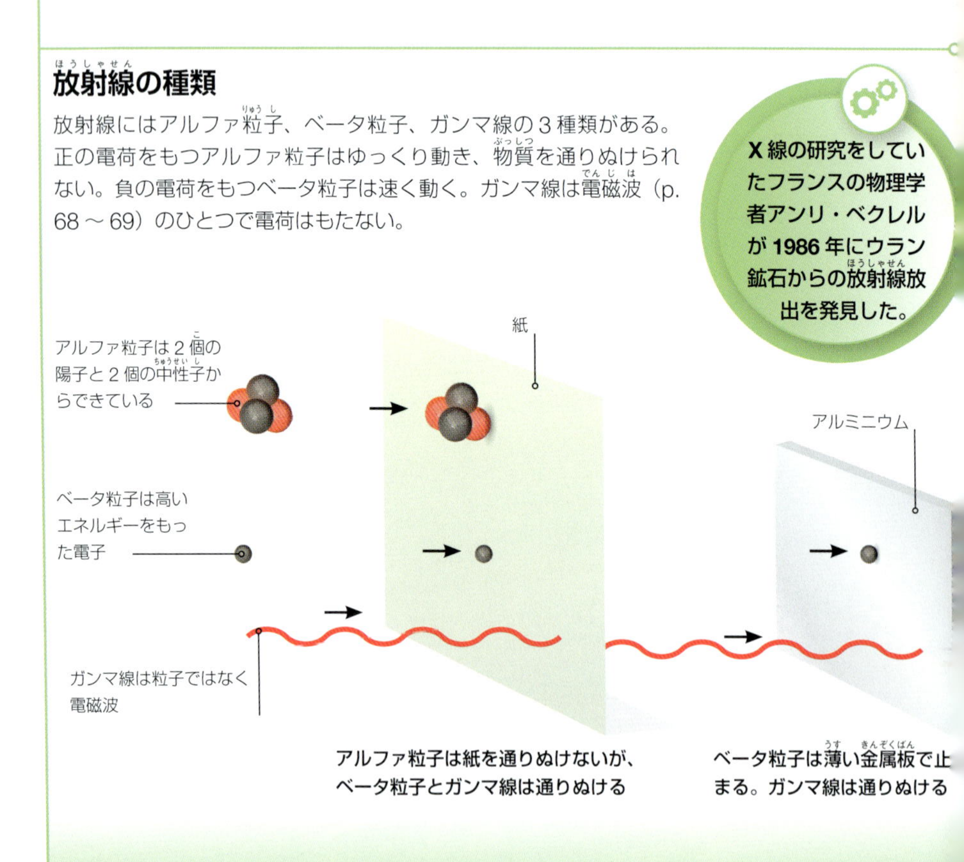
紙
アルファ粒子は2個の陽子と2個の中性子からできている
アルミニウム
ベータ粒子は高いエネルギーをもった電子
ガンマ線は粒子ではなく電磁波

アルファ粒子は紙を通りぬけないが、ベータ粒子とガンマ線は通りぬける

ベータ粒子は薄い金属板で止まる。ガンマ線は通りぬける

放射線の測定

目に見えない放射線もガイガーカウンターを使うと測定できる。ガイガーカウンターはガスをつめた管を使った、手で持ち運べる小さな装置だ。

トマトの放射線量をはかっているところ

放射線の利用

放射線は量が多いと害になるが、使い方によっては役に立つこともある。ガンマ線を利用したPET スキャナーという装置は体の中をくわしくうつし出すので病気の診断に使われる。

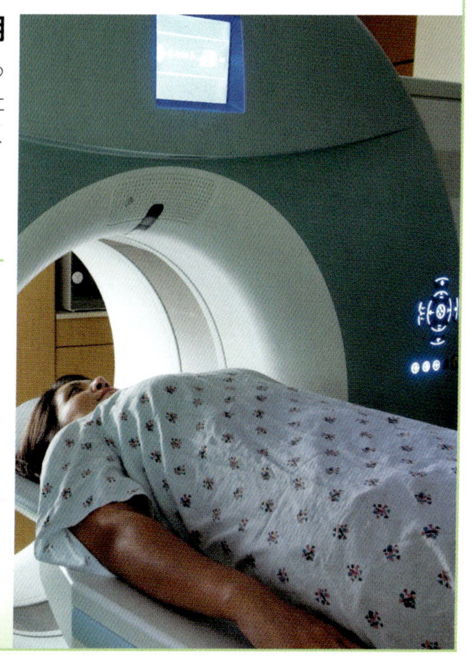

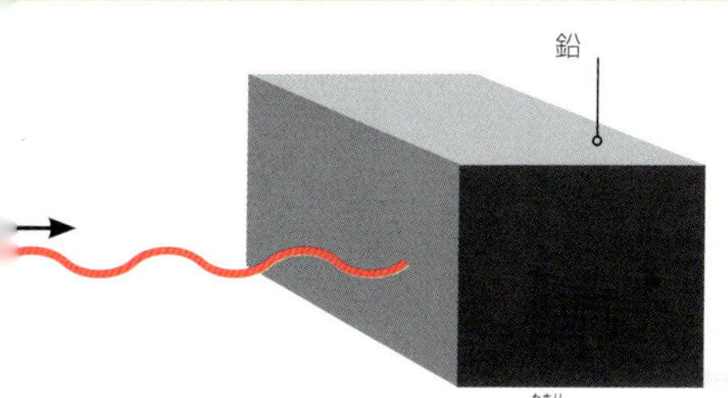

ガンマ線を止められるのは鉛のような高密度の厚い板だけ

熱

物質をつくっている原子と分子は休むことなく動いています。エネルギーをたくさんもつ原子や分子ほど動きも速いです。このようなエネルギーをわたしたちは熱として感じます。熱は熱い方から冷たい方へ、温度の差がなくなるまで移動し続けます。

冷ます

温かいお茶の中では分子がとても速く動いている。お茶から冷たい空気に熱エネルギーが伝わるので、お茶の中の分子の動きは遅くなり、お茶はどんどん冷えていく。1時間もたつとお茶と空気は同じ温度になる。まわりの空気が冷たいほど、お茶も速く冷める。

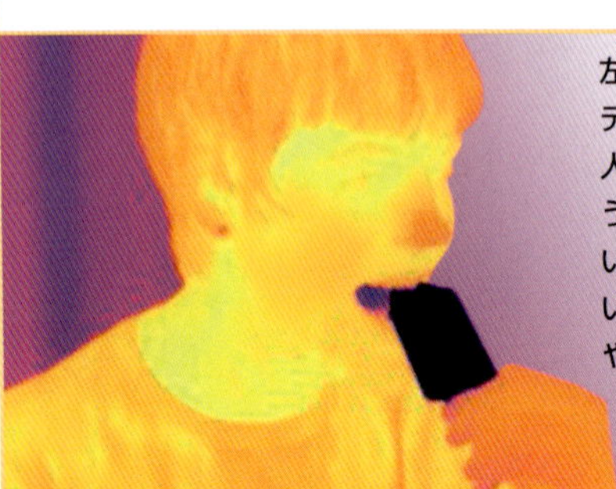

左はアイスキャンディーを食べている人を赤外線カメラでうつした映像。冷たい部分が黒色、温かい部分がオレンジ色や黄色にうつる

熱を見る

熱い物体は熱エネルギーを赤外線と
て放射する。赤外線を直接見ること
できないが特別なカメラでうつし出
る。災害の現場で建物の中に取り残
れた人がいるかどうかを調べるとき
赤外線カメラが役に立つ。

ふくらむ空気

物質は温められると膨張して密度が低くなる。熱い物質の中では分子は速く動き、分子と分子の間の距離が大きくなるからだ。熱気球はこの性質を利用している。バーナーで気球の中の空気を温めると密度が低くなる。外の冷たい空気の方が密度が高いので気球は空高く昇っていく。

温度をはかる

温度をはかるには温度計を使えばよい。簡単なしくみの体温計は液体が熱で膨張する性質を利用している。体温で温められると液体がガラス管の中を昇っていく。とまった位置の目盛りが体温を示す。

熱の放射

熱い物体からは赤外線の形で熱が放射されている。地面を温めるのは太陽から放射される熱だ。赤外線ランプから放射される熱は暖房に利用される。右の写真は夜、寝ているブタを温める赤外線ランプ。

熱の流れ

ある場所から別の場所へ、熱は対流によっても伝えられる。熱い液体や気体の流れを対流という。空気は温かくなると密度が低くなり昇る。冷たい空気は沈む。昇る空気と沈む空気の間で流れが生まれる。

ハンググライダーは上に向かう温かい**空気の流れ**にうまく乗って飛ぶ

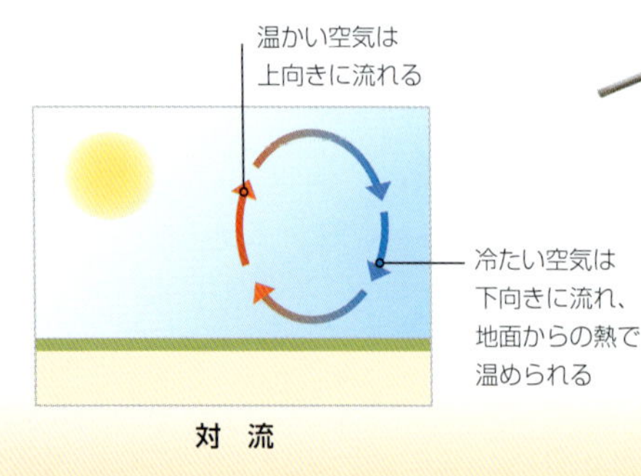
温かい空気は上向きに流れる
冷たい空気は下向きに流れ、地面からの熱で温められる

対　流

断熱材

熱を通しにくい素材を断熱材という。プラスチック、ゴム、木はどれも断熱材。空気も優れた断熱材だ。動物は皮ふと毛の間に空気をためる。この空気のおかげで外が寒くても体から熱は逃げていかない。

優れた断熱材でつくられた登山服を着ると寒さを感じることなく活動できる

熱伝導

子は動きながら近くの分子に熱エネルギーを伝え。このような熱の伝わり方を熱伝導という。液体気体よりも固体の方が熱を伝えやすい。金属は熱よく伝えるのでフライパンやアイロンに使われる。

音

音の正体は振動です。音のつくる振動は波となって空気や水の中を伝わります。音の波が耳に届くと鼓膜がふるえます。わたしたちは耳を通して振動を音として聞いているのです。波の大きさや形が変わるとちがう音に聞こえます。

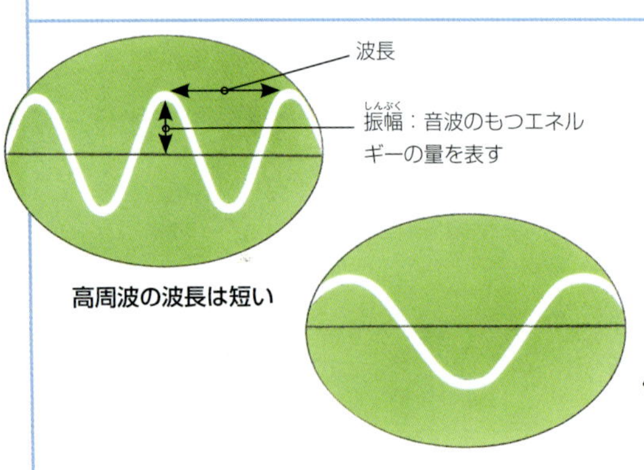
波長
振幅：音波のもつエネルギーの量を表す

高周波の波長は短い

低周波の波長は長い

高い音、低い音

1秒間に音波が振動する回数を周波数という。周波数が高くなるほど音も高くなる。イヌのように、人間にはわからないとても高い音を聞くことができる動物もいる。ゾウはとても低い音を聞き分けられる。

音の利用

音波はかたい物体に当たるとはね返る。こだまは物体に当たって耳までもどってきた音だ。反響ともいう。イルカやコウモリは高い音を出し、物体からもどってくる反響をとらえてまわりの状況を知ったり、えさをさがしたりする。

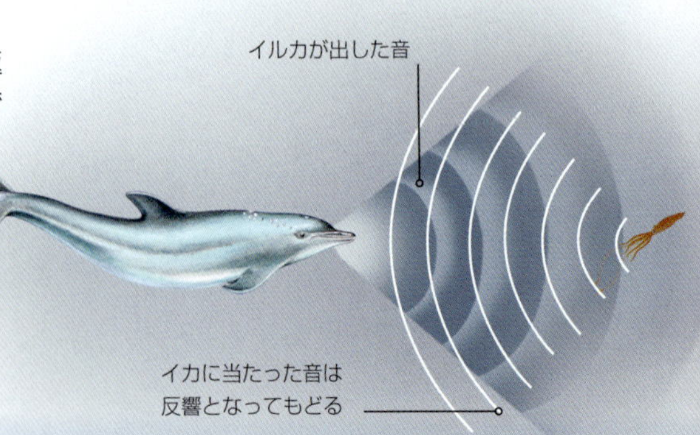
イルカが出した音
イカに当たった音は
反響となってもどる

音色

その音だけがもつ響きを音色という。音色は音波の形によって決まる。オーケストラの楽器にはそれぞれの音色がある。フルートの音波はあまり変化のない形で、澄んだ音色に聞こえる。太鼓の音波は複雑な形なのでフルートよりも濁って聞こえる。

うるさい音、静かな音

エネルギーが大きな音ほど音波の振幅も大きくなり、大きく聞こえる。音の大きさはデシベル（dB）という単位で表される。デシベルは対数という特殊なはかり方をするので20デシベルの音は10デシベルの音の0倍大きいことになる。

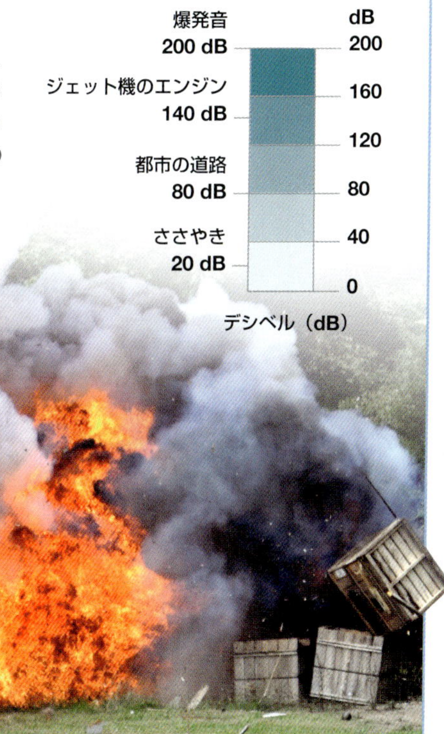

爆発音は200デシベル。耳が傷つくほどの大きさだ

力

力には押したり引いたりして物体の形や動きを変えるはたらきがあります。物体の運動する速さが変わるのも、向きが変わるのも、物体に力がはたらくからです。引力は遠く離れた物体にも作用をおよぼします。惑星が太陽のまわりを回り続けるのは引力がはたらいているからです。

引 力

物体と物体の間にはたがいに引く力がはたらいている。この力を引力という。軽い物体の引く力はとても弱いが、地球の引く力（重力という。引力のほかに自転による遠心力も加わる）はとても大きい。だからわたしたちは地球に引きつけられているのだ。人工衛星を打ち上げるロケットは強力なエンジンで地球から離れていき、重力から自由になる。

熱いガスが下向きに噴射される

同じ大きさの反対向きの力がロケットを上向きに押し上げる

密度の高い天体

ブラックホールはとても大きな重力をもち、まわりにあるすべてのものを、光までも引きずりこむ。

アトラスVロケットの打ち上げ

幅広の車輪が戦車の重さを広く分散させるので砂に埋もれずに進んでいける

つるはしをふりおろすと鋭い先端に力が集まり、石を割れるほどの圧力が生まれる

圧　力

面を押しつける作用を圧力という。圧力の大きさは単位面積に対する力の大きさで表す。小さな面と大きな面に同じ大きさの力を加えたときの圧力は小さな面の方が大きい。戦車の車輪は幅が広いので戦車の重さが広く分散される。このため圧力は小さくなり、やわらかい地面でも沈まない。

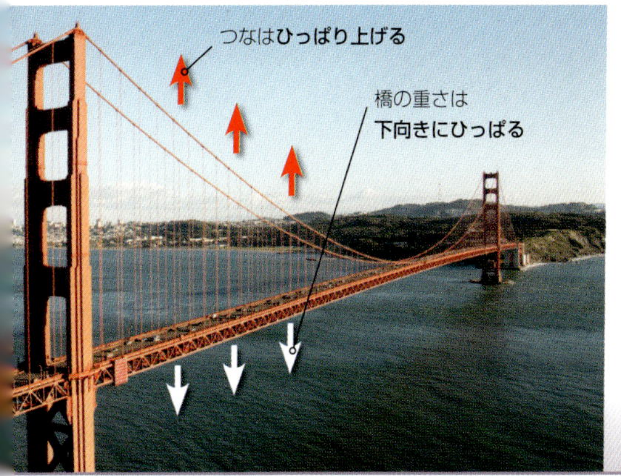

つり合いの力

1個の物体に対して同時に二つ以上の力がはたらくことがある。たがいに反対方向にひっぱると物体は伸びるけれども動かない。つり橋は橋の重さをつなでつり上げているので下に落ちない。

サンフランシスコ（アメリカ）のゴールデンゲートブリッジ

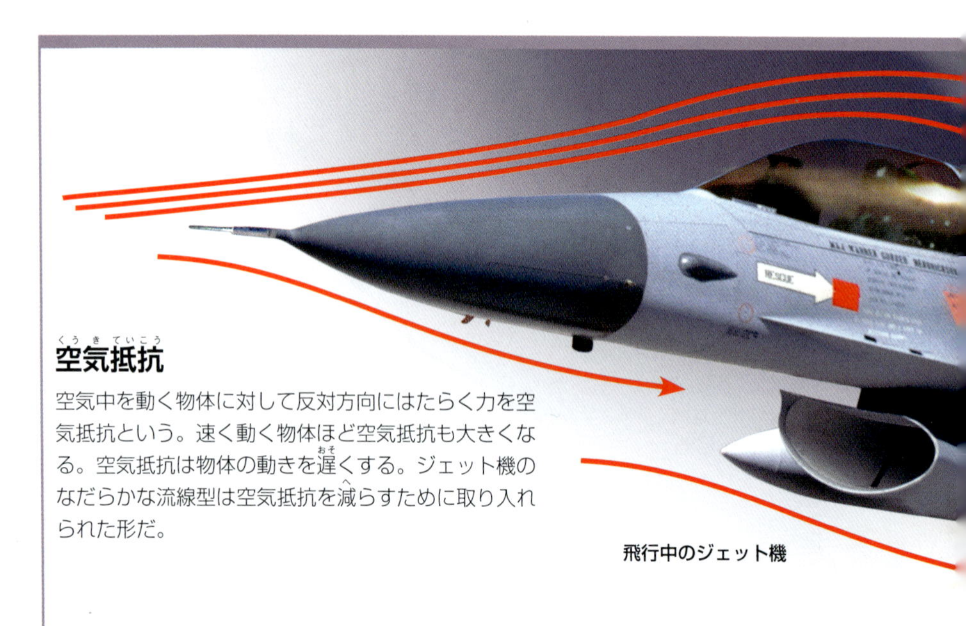

空気抵抗

空気中を動く物体に対して反対方向にはたらく力を空気抵抗という。速く動く物体ほど空気抵抗も大きくなる。空気抵抗は物体の動きを遅くする。ジェット機のなだらかな流線型は空気抵抗を減らすために取り入れられた形だ。

飛行中のジェット機

まさつ

物体と物体がすれ合うとまさつという力が生まれる。まさつは動
を遅くして熱を出す。車のブレーキはまさつを利用している。
レーキパッドをタイヤに押し付けるとまさつが生まれタイヤの
転が遅くなる。

まさつによって熱が発生し
タイヤの一部が光っている

流線型：空気抵抗を減らす
翼が薄いと空気がなめらかに流れる。これも空気抵抗を大きくしないための工夫
AF 82 046

まさつを減らす

でこぼこの床の上で物体をひくとこすれ合ってまさつが生まれる。転がる丸太に乗せて物体をひくとあまりこすれないので、まさつも小さくなる。

地面の上で石をひっぱるとまさつが生まれ動かしにくくなる

ひっぱる方向

丸太なしでひっぱる

ひっぱる方向

丸太に乗せて石をひくとまさつが小さくなり楽に動かせる

丸太の上でひっぱる

力と運動

物体が動く速さや向きを変えるのは、その物体に力がはたらくからです。今から300年以上前、イギリスの科学者アイザック・ニュートンは運動に対する力のはたらき方を、運動に関する三つの法則(ほうそく)にまとめました。

運動の第一法則(だいいちほうそく)

物体に力がはたらかなければその物体は同じ方向に同じ速さで動き続ける。これを運動の第一法則という。止まっている物体ならば力が加わるまで止まったまま。宇宙探査機(うちゅうたんさき)ボイジャー2号の場合は速度を遅(おそ)くする力がほとんどはたらかないので、同じ速度で宇宙を飛び続けている。

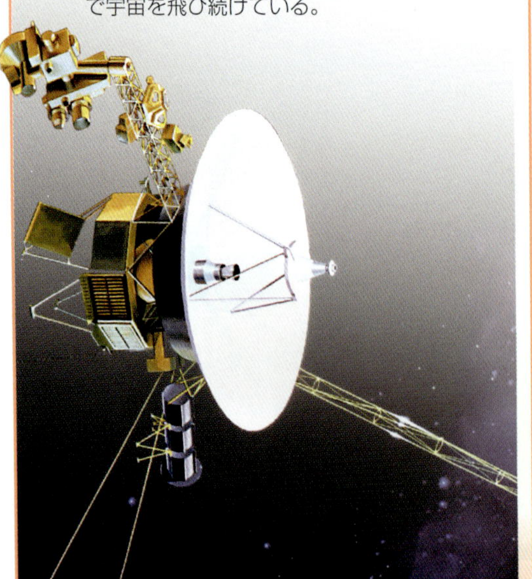

運動の第二法則(だいにほうそく)

物体にはたらく力が大きいほど加速度も大きくなる。加速度は物体の質量(しつりょう)にも関係する。重い物体を加速するには大きな力が必要になる。オートバイは車よりも軽いので、すぐに加速できる。

速度と加速度

物体がある方向に動くときの速さを速度という。速度を上げることを加速、下げることを減速という。レーシングカーは強力なエンジンのおかげですばやく加速して速く走ることができる。発進から５秒あれば時速160kmになる。

運動の第三法則

物体にはたらく力にはかならず同じ大きさで反対向きにはたらく力がある。これを運動の第三法則という。飛行機のエンジンは燃料を燃やして、もうれつないきおいで熱いガスを吹き出す。吹き出したガスの流れは同時にエンジンを反対向きに押すので、飛行機もいっしょに前に進んでいく。

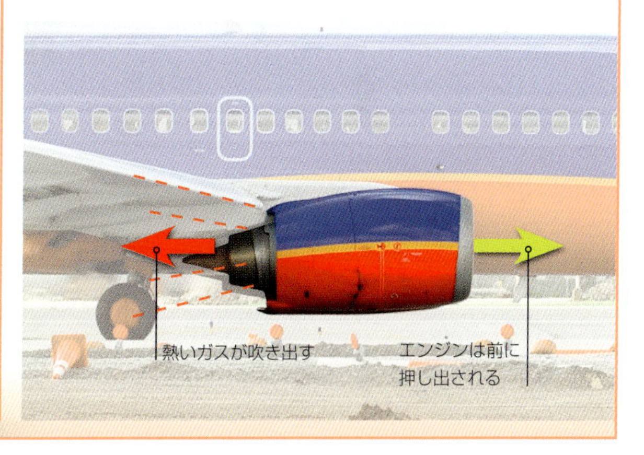

竜巻の風速は

時速 480 km

にもなる。木をなぎ倒し、
車を空中に吹き飛ばすほど
のいきおいだ

はげしい風　竜巻は、積乱雲の中で空気のかたまりが回転してできるもうれつないきおいの空気のうず。温かい空気が昇り、冷たい空気が沈むと両方の空気のかたまりが回りはじめ、やがて超高速で回転する風の柱ができる。

単一機械

力仕事を楽にしてくれる基本的な道具を単一機械といいます。単一機械には6種類の道具があり、それぞれ力の方向や大きさを変えるはたらきをします。単一機械を使えばあまり力を入れなくても重い物体を動かしたり、割ったり、つなぎ止めたりできます。

斜面

斜面を利用して重い物体を引き上げると、長い距離を動かすかわりに加える力は小さくてすむ。ねじも斜面の一種だ。棒に直角三角形の紙を巻きつけると斜面の部分がねじ山になる。

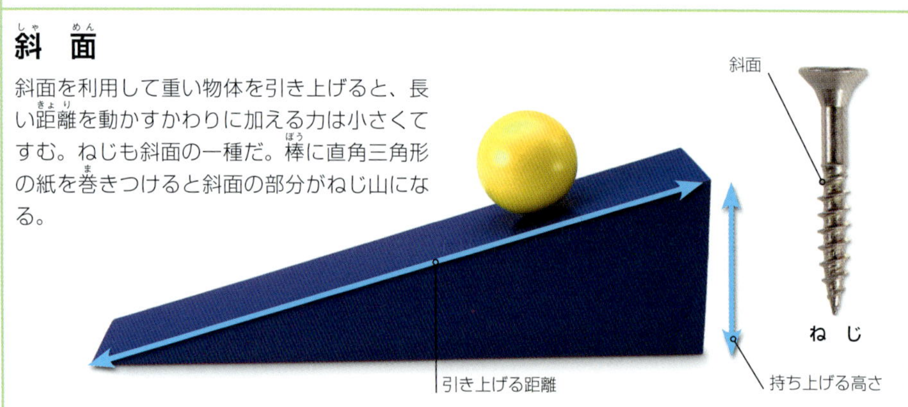

くさび

くさびは切り口が三角形の道具。背をたたくと先の部分で力の向きが押し開く方向に変わる。くさびを使うと物体を割ることができる（たとえばまき割りのおの）。物体と物体のすき間に入れて固定するためにも使われる（たとえば扉と床の間にはさむドアストッパー）。

車　輪

車輪は軸とくっつけて使われる。軸と車輪はいっしょに回る。巨大トラックは車輪も大きいので、自動車のような大きな障害物も乗り越えられる。車輪が 1 回転するたびに長い距離を移動できる。

歯　車

歯車は歯のついた車輪。2 個の歯車をつなげると一方からもう一方へ力が伝えられる。力の大きさを変えることもできる。図の黄色い歯車の大きさは青色の歯車の 2 倍。黄色の歯車が 1 回転すると青色の歯車は 2 回転する。

てこ

てこは単一機械の一種。てこを使うと重い荷物でも楽に持ち上げることができる。てこは支点という動かない点で支えられ、支点を中心に回転する。力を加える場所（力点）、力がはたらく場所、下の図ではおもりの場所（作用点）、支点の位置によって、てこは三つの種類に分けられる。

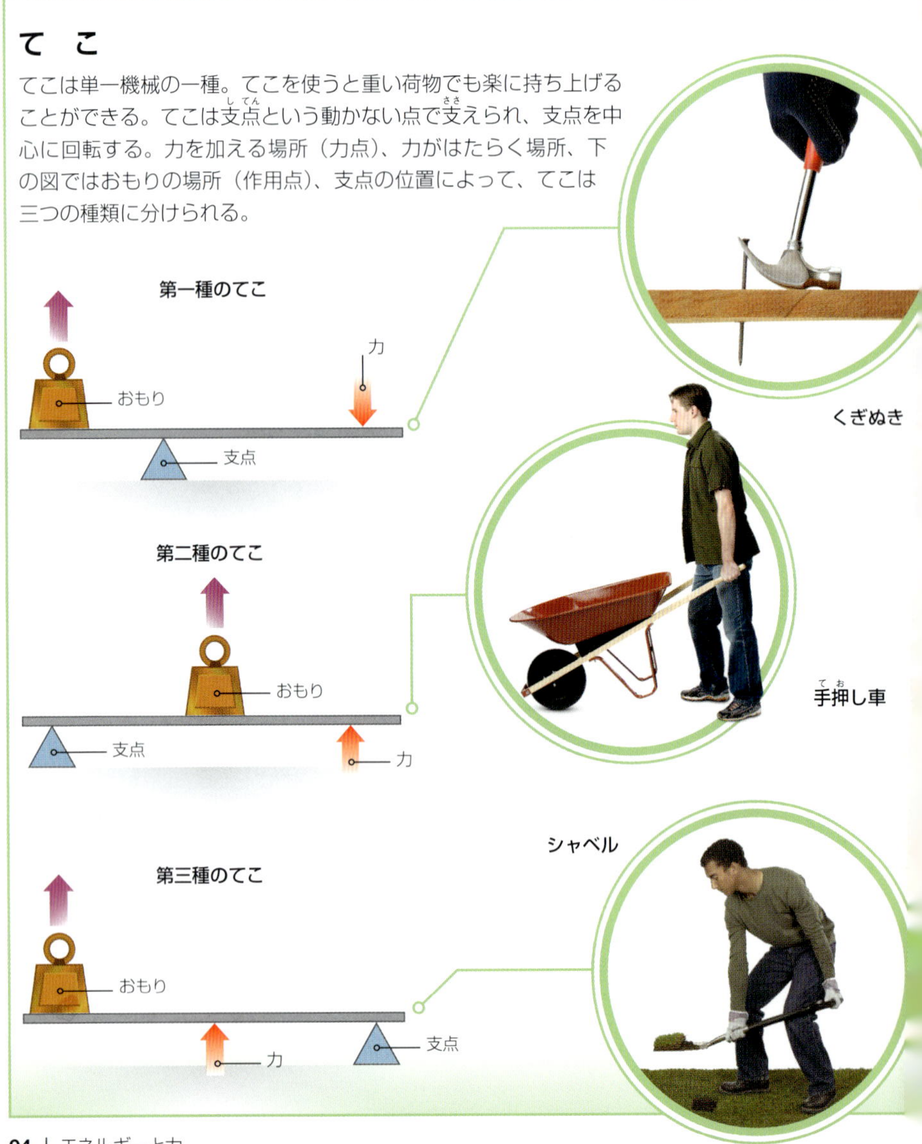

滑車のしくみ

滑車

滑車は軸のついた輪にひもをかけた道具。輪が一つの滑車は力の向きを変える。2個以上の滑車をつなげると、ひもを長くひくことによって少ない力でおもりを持ち上げることができる。

滑車のしくみを利用した
ウェイトトレーニングマシン

複雑な機械 ふくざつなきかい

基本的な道具（単一機械）を組み合わせると複雑な機械ができます。たとえばハサミ。刃はくさび、持ち手はてこという **2** 種類の単一機械からできています。世界で一番複雑な機械といえばスペースシャトルでしょう。スペースシャトルは **250** 万個をこえる部品からつくられています。

クレーン

荷物を持ち上げて動かすことのできるクレーン車は３種類の単一機械からできている。腕についている滑車を利用して荷物を真上に持ち上げる。腕はてこのはたらきをする。車体は車輪の上に乗って動き回る。

自動車

自動車には単一機械がたくさん使われている。車輪は歯車（ギア）につながっている。ギアにはいろいろな大きさがあり、大きさを変えることによって速さを調整する。ギアを変えるときはシフトレバーをひっぱる。シフトレバーはてこのはたらきをする。エンジンでは燃料を燃やして熱エネルギーを運動エネルギーに変え車輪を回転させる。

ボーリングマシン

地面に深い穴を掘るときはボーリングマシンを使う。片側に鋭いくさびがらせん状に並ぶドリルビットという部分がエンジンで回転する。巨大なエンジンが大きな力でドリルビットを回転させるので、かたい地面や岩でも掘り進んでいける。

コンピュータ

コンピュータはとてつもなくたくさんの情報を処理するようにつくられた機械です。コンピュータにはオンとオフだけをするトランジスタという単純な電子回路が使われています。トランジスタを何百万個と組み合わせたマイクロプロセッサーがデータを計算し、処理した結果を表示するよう指令を出します。

最初のコンピュータ

第二次世界大戦中にイギリスとアメリカで電子回路を使ったコンピュータが開発された。世界初のコンピュータだ。このころのコンピュータの回路はかさばる真空管とケーブルを使っていたので装置は大がかりになり一部屋を丸ごと占領した。

ENIAC、初期のコンピュータ

集積回路

1950 年代の終わり、集積回路が開発されたころからコンピュータは小さくなり、処理速度も速くなっていった。集積回路はシリコン（p. 35）などの半導体でできた小さな板で、その上には何百万という小さな回路がのっている。

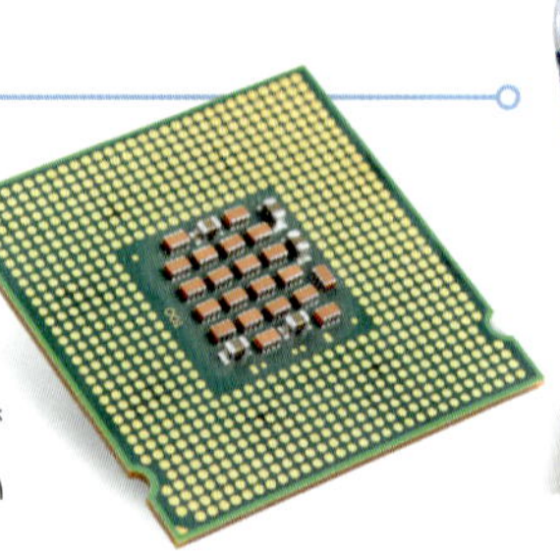

コンピュータの集積回路

現在のコンピュータ

最初のころと比べると現在のコンピュータははるかに小さく、性能は何百万倍にも上がっている。まばたきをする間にとてつもない量の情報を処理する集積回路のおかげでアプリケーションソフト、写真、電話、インターネット、ゲームをまとめて楽しめる。

画面を指でさわって操作するタブレット端末

人工知能

どれほど高性能のコンピュータでも情報の処理のしかたが指示されていないと動かない。つまり人間が指示したことしかできない。いつの日かコンピュータの性能が上がり、コンピュータやロボットが自分で考え、失敗から学ぶことのできる人工知能をもつようになるときがくるかもしれない。

お茶を入れるヒューマノイド（人間型）ロボット、名前はローリンジャスティン

生き物の世界

地球は生命の存在がわかっているただ一つの星です。地球上には数えきれないほどの種類の生き物がいます。小さすぎて見えない細菌もいれば、高さ 100 m をこえる木もあります。地球上にはとくにたくさんの生き物が生活する地域があります。緑の生い茂った熱帯雨林にはさまざまな種類の昆虫や哺乳類がいます。カエルも 1 種類ではありません。サンゴ礁の広がる海域には色とりどりの魚や甲殻類、小さなプランクトンがひしめきあっています。

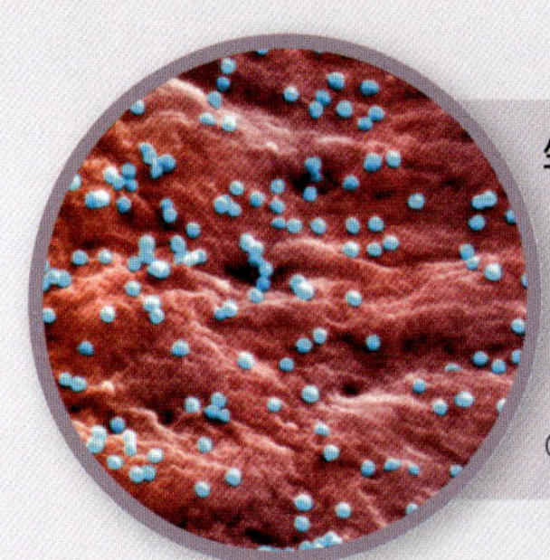

生命とは？ 生き物は細胞からできていて子孫を残す。ウイルスはほかの生き物の細胞の中でしか子孫を残すことができないので、生き物ではない。

生物のグループ

生物学では地球上のさまざまな種類の生物をグループに分けます。一番小さなグループは種です。同じ種の生物どうしはとてもよく似ていて、子孫を残すことができます。一番大きなグループは界です。界は菌界、原核生物界、原生生物界、植物界、動物界の五界に分かれています。

菌界

動物の死体や腐った植物を食べる菌類のグループ。キノコ、カビ、酵母のなかま。

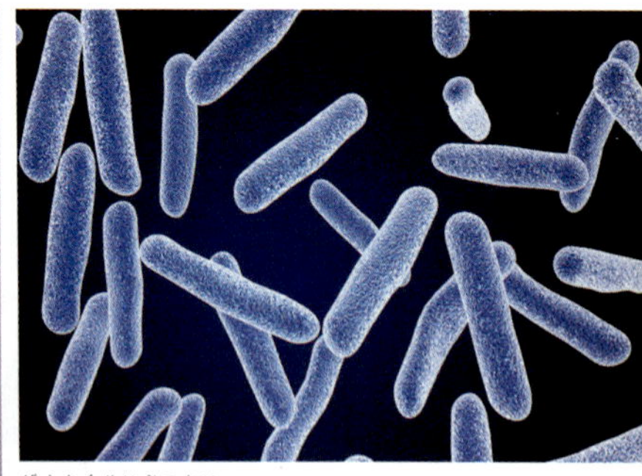

原核生物界

1個の細胞だけでできていて（単細胞生物）、顕微鏡でしか見ることのできない生物のグループ。単細胞の細菌はもっとも簡単な形の生き物だ。地球上で一番多く、どこにでもいる。

原生生物界

細菌と同じく単細胞生物だが、もう少し複雑な細胞でできていて、指令を出す核がある。藻類のようにたくさん集まって大きな群体をつくるものが多い。

植物界

植物界の生物は酸素をつくるので、地球上の生物にとってなくてはならない。植物は太陽のエネルギーを使って自分自身で食べ物をつくる。動物も菌類も植物を食べて生きている。

動物界

動物界は二つのグループに分けられる。哺乳類、両生類、魚類など、背骨をもつ脊椎動物と、昆虫、クモ類、甲殻類など、背骨のない無脊椎動物。

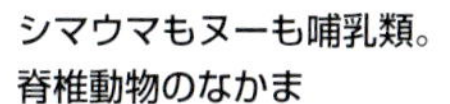

シマウマもヌーも哺乳類。脊椎動物のなかま

生物の分類

地球上にはとても多くの種類の生物がいるので、生物学では似たような性質の生き物をグループに分けて考えます。分け方にはいくつかの段階があります。一番大きな分け方は界です。たとえば動物はすべて動物界に入ります。それからだんだん小さなグループに分けていって、最後は種となります。

種とは？

とてもよく似た生物のグループを種という。同じ種であれば子孫を残せる。どの生物にも種の名前（学名）がついている。松ぼっくりをつくるマツ科のなかまヨーロッパカラマツの学名は *Larix decidua*。

綱：哺乳類

門は綱に分かれる。哺乳類は気温に関係なく体温を一定に保つ脊椎動物。子は母乳で育つ。

門：脊椎動物門

動物界は 35 種類の門に分かれる。脊椎動物門には背骨をもつ動物（脊椎動物）が入る。

界：動物界

分類はじめ

一番大きなグループ。動物界にはすべての動物が入る。

種：オオカミ

タイリクオオカミはイヌ科の中で体の一番大きな種。学名は *Canis lupis*。

属：イヌ属

科は属に分かれる。オオカミやイヌの入るイヌ属は10種類の種に分かれる。

科：イヌ科

目は科に分かれる。食肉目の中のイヌ科にはイヌに似た哺乳類が入る。

目：食肉目

綱は目に分かれる。食肉目には肉を食べる哺乳類が入る。

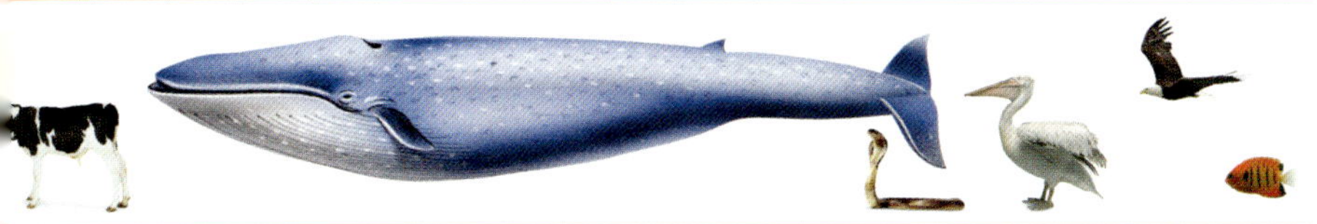

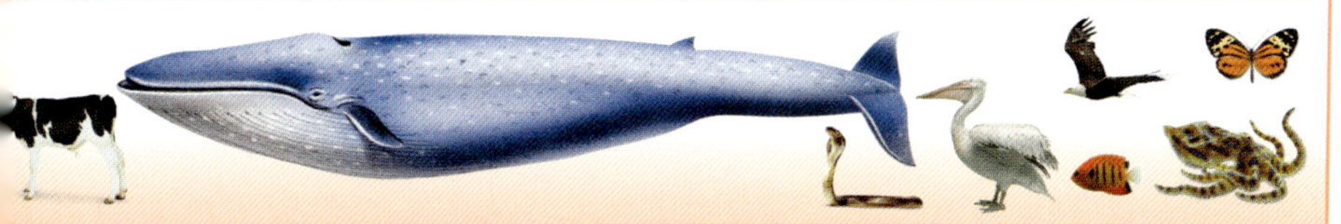

微生物 びせいぶつ

原核生物と原生生物は顕微鏡でようやく見えるくらいの小さな単細胞生物です。原核生物の一種、細菌が虫ピンの頭をびっしりおおうと 1 万個にもなります。微生物はどのような場所にもいます。わたしたちの体の中にも。その数は体の細胞の 10 倍だそうです！

海にすむヤコウチュウのコロニー

原生生物

単細胞の生物は水があればどこにでもいる。あちこち動き回ってほかの原生生物や細菌を食べる原虫や、植物のように太陽のエネルギーを使って自分で食べ物をつくる藻類も原生生物のなかまだ。何十億個という単細胞の生物が集まって巨大なコロニーをつくることもある。

よい細菌

わたしたちの腸にいる細菌は食べ物の消化を助けてくれる。食べ物をつくるのに役立つ細菌もいる。種類ごとに味のちがうチーズも細菌のはたらきでつくられる。

悪い細菌

コレラや破傷風のような病気は有害な細菌、病原菌によって引き起こされる。病原菌がうつらないように予防接種でワクチンを体に入れる。ワクチンは病原菌を害のない形に変えた薬だ。安全な量だけ体に入れると体は抗体をつくる。抗体とは、病原菌が体に入ると取り除いてくれる特別なタンパク質。

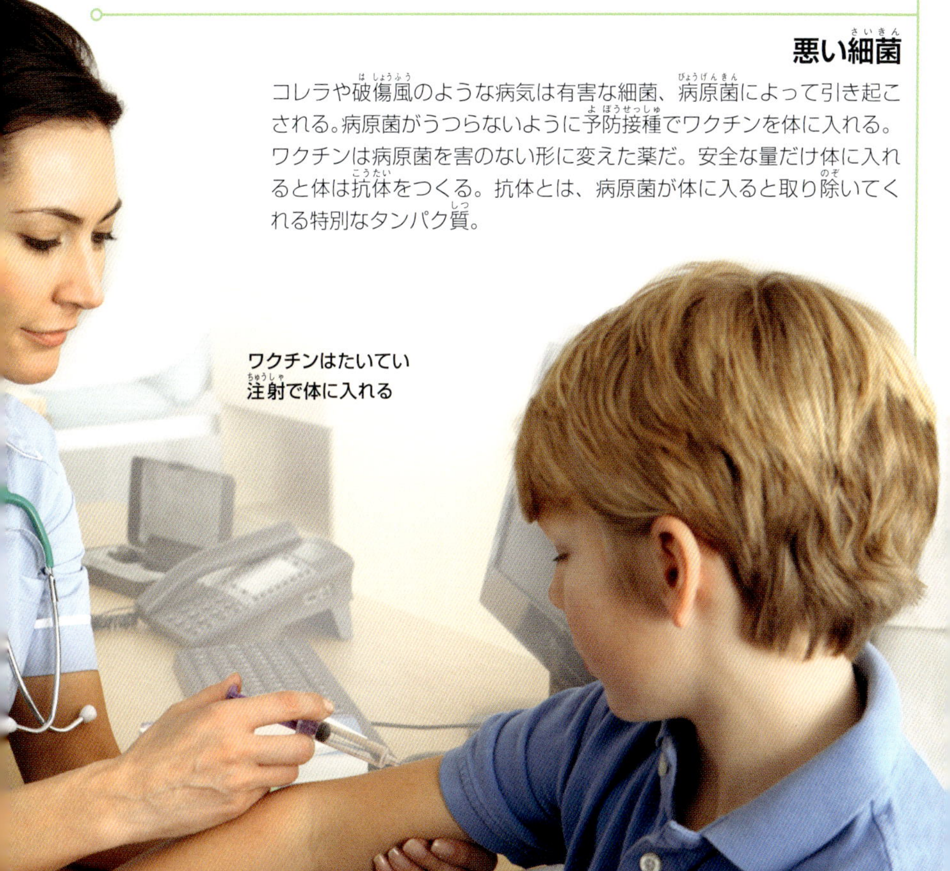

ワクチンはたいてい注射で体に入れる

菌　　類 きんるい

キノコや酵母、カビのなかまを菌類といいます。菌類は植物や動物を食べて成長します。死んだ動物や植物を分解して栄養分をとりこむのです。菌類が死ぬとまた別の菌類によって分解されます。こうして栄養分はリサイクルされています。

キノコ

地面から生えているキノコはキノコ全体のほんの一部分だ。地下には糸のような細胞が広がっている。地上の部分は子実体といい、ここで胞子をつくって飛び散らす。飛び散った胞子は新しいキノコとなる。食用にできるキノコもあるが、たいていは毒だ。

サイロシビンという物質をもつキノコを食べると幻覚が起こる。
キノコのひだから**胞子**が空中に飛び散る

酵母

酵母は小さな単細胞の菌類だ。糖類を食べ二酸化炭素とアルコールを出す。パンづくりでは酵母のつくる二酸化炭素が生地をふくらませる。アルコールは生地を焼く間に蒸発する。

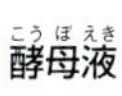
酵母液

酵母のはたらきで生地がふくらむ

生地

カビ

カビはとても小さな菌類で、細長い糸のような菌糸でできている。死んだ植物や動物を食べ、腐らせる。薬をつくるカビもある。アオカビがつくるペニシリンは病原菌の治療に使われる薬、抗生物質になる。

カビは古くなった食べ物に生える

植　物

見上げるような木から小さなコケまで植物の大きさはさまざまです。植物は太陽のエネルギーを利用して自分で栄養分をつくります。このようなはたらきを光合成といいます。たいていの植物は地下深く伸びる根によって支えられ一か所にとどまっています。植物はシダ植物、コケ植物、被子植物、裸子植物などのグループに分けられます。

植物のつくり

植物のどの部分にもそれぞれの役目がある。地面に広がる根は植物を固定し、水や養分を吸収する。水や養分を植物全体に運ぶのは茎の役目。茎には葉や花を支えるはたらきもある。花は花粉、種子、果実をつくり、子孫をふやす。

シダ植物

シダ植物は花をつけない。特殊な葉の表面から空中に胞子を飛ばして子孫をふやす。シダ植物は湿った日かげでよく見かけるが、石の上や湿地、木のそばでも育つ。

コケ植物

コケ植物は高さ 1 ～ 10 cm ほどの小さな植物だ。湿った日かげでかたまって育つ。コケは針金のような茎に小さな葉のついたとても単純な植物だ。根も花もない。

被子植物

植物の中で一番大きなグループ。オークのような巨大な木からわずか 1 mm ほどの小さな浮き草までさまざまな種類がある。被子植物は花、果実、種子をつくる。色鮮やかな花が昆虫や鳥を引きつける。花粉は昆虫や鳥によって運ばれめしべと受精する。

裸子植物

木にも花の咲く被子植物が多いが、針葉樹は花をつけず、種子の集まった松かさをつくる。このような植物を裸子植物という。針葉樹の葉は針のような形が多く、寒い地域で大きな林をつくる。

セコイアは3000年以上生きることができる

セコイアデンドロン　世界で一番高くなる木はアメリカのカリフォルニア州に生えるヒノキ科のセコイアデンドロン。その中でも一番高い木は115.5m、ハイペリオンと名づけられた。ハイペリオンより20mほど低いシャンデリアツリーの幹には車が通れるほどの幅1.8mの穴があけられている。

Chandelier Tree
Height 315 ft. Diameter 21 ft.
Maximum Age 2400 yrs.
DRIVE-THRU TREE PARK Leggett CA
California
4FAA050

植物のしくみ

植物は動物とちがい自分で食べ物をつくります。日中、太陽のエネルギーを利用して食べ物をつくるはたらきを光合成といいます。光合成は葉の中の葉緑素という緑色の物質を使って行われます。

冬を越す

寒い地域では冬になると植物は成長をとめる。自分で食べ物をつくるのもやめ、葉緑素もつくらなくなる。葉は緑色から茶色になりやがて落ちる。こうすることでエネルギーの消もうを少しでも減らし、葉から水が失われないようにする。

ハエジゴクにつかまったトンボ

肉を食べる

沼などのやせた土地には植物に必要な栄養分はあまり含まれていない。やせた土地に生える食虫植物は肉を食べて栄養分を取り入れる。ハエジゴクは特別な形の葉で昆虫を誘い、葉にとまるとすぐに閉じてつかまえる。

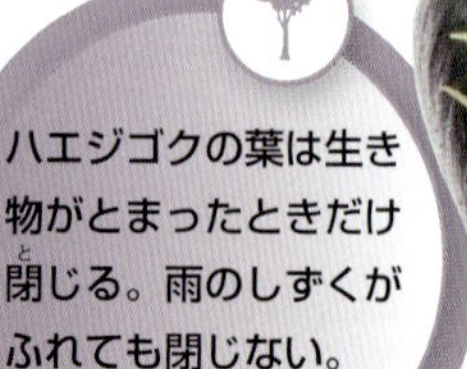

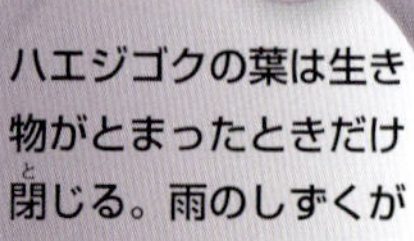

ハエジゴクの葉は生き物がとまったときだけ閉じる。雨のしずくがふれても閉じない。

光合成

葉には緑色の物質、葉緑素がある。葉緑素は光合成になくてはならない。葉緑素は日光を吸収し、そのエネルギーを使って、根から吸い上げた水と空気中の二酸化炭素をもとに食べ物をつくる。食べ物のほかに酸素もつくり、空気中に放出する。

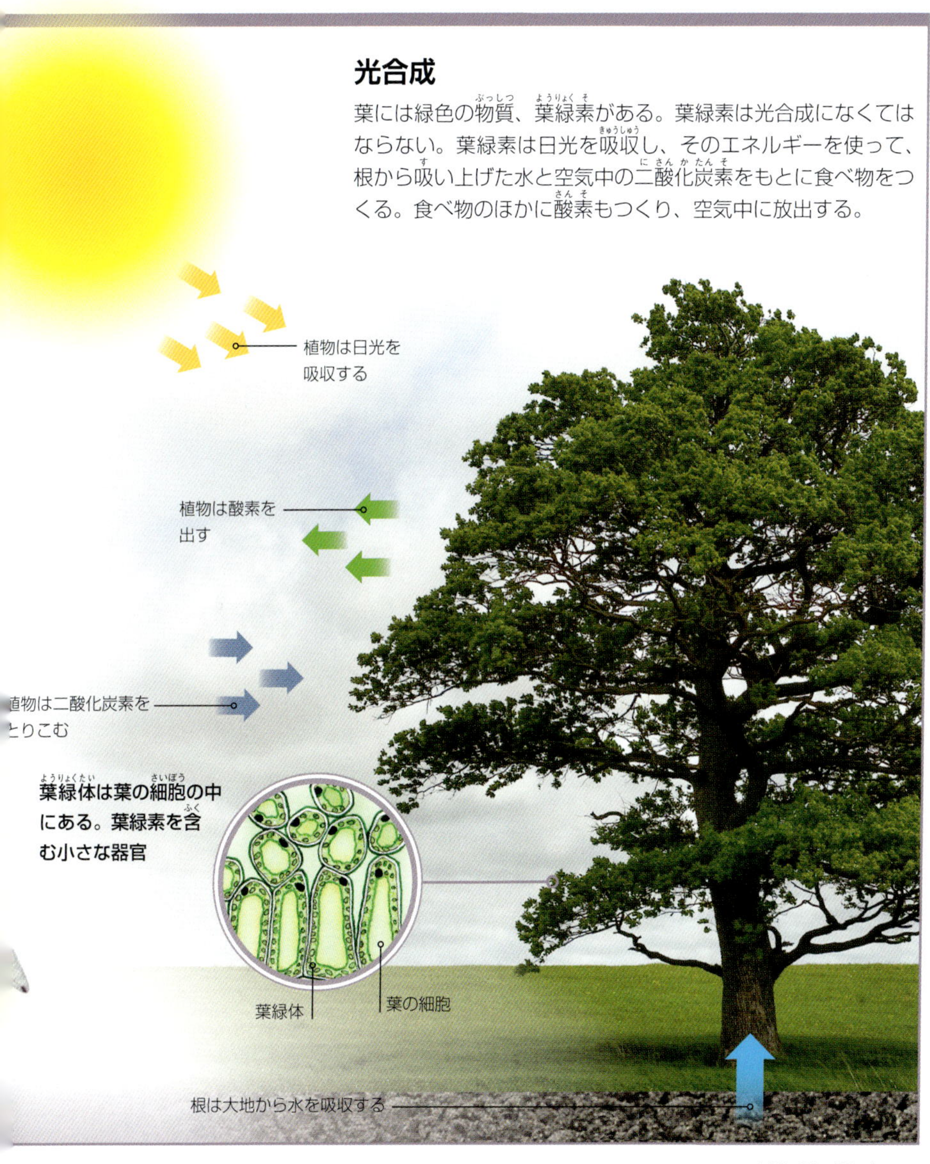

植物は日光を吸収する
植物は酸素を出す
植物は二酸化炭素をとりこむ
葉緑体は葉の細胞の中にある。葉緑素を含む小さな器官
葉緑体
葉の細胞
根は大地から水を吸収する

花と種子

ほとんどの植物は種子で子孫を残します。おしべでつくられた花粉の精細胞がめしべの卵細胞とつながると種子ができます。種子はあちらこちらに散って別の場所で根を生やし、新しい植物体に育っていきます。

受精をしない植物

コダカラベンケイは種子をつくらないで子孫を残す。葉についている芽が地面に落ちて新しい植物体に育つ。新しい植物体はもとの植物とまったく同じ。このようなふえ方を無性生殖という。

コダカラベンケイは
芽を落として子孫を残す

花

ほとんどの花はおしべとめしべをつくる。一つの花の中で受粉する植物と、別の花と受粉する植物がある。別の花と受粉する花の花粉は昆虫や風によって運ばれる。花粉の精細胞がめしべの卵細胞と受精すると種子ができる。

みつを集めている
ミツバチに花粉がつく

種子をまく

風が遠くまで飛ばす

動物が果実を食べ遠くまで運ぶ

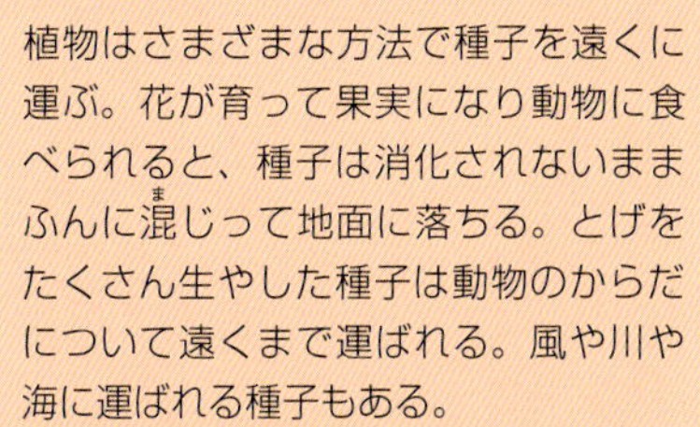

植物はさまざまな方法で種子を遠くに運ぶ。花が育って果実になり動物に食べられると、種子は消化されないままふんに混じって地面に落ちる。とげをたくさん生やした種子は動物のからだについて遠くまで運ばれる。風や川や海に運ばれる種子もある。

水の流れが運ぶ

通りがかった動物にくっついて運ばれる

発　芽

種子が地面に落ちて、新しい植物体が育つ条件がそろうと芽が出てくる。芽は上に向かって育つ茎と下に向かう根になる。発芽に必要なエネルギーには種子の中の栄養分が使われる。発芽した後はすぐに葉が育ち光合成をして自分で食べ物をつくるようになる。

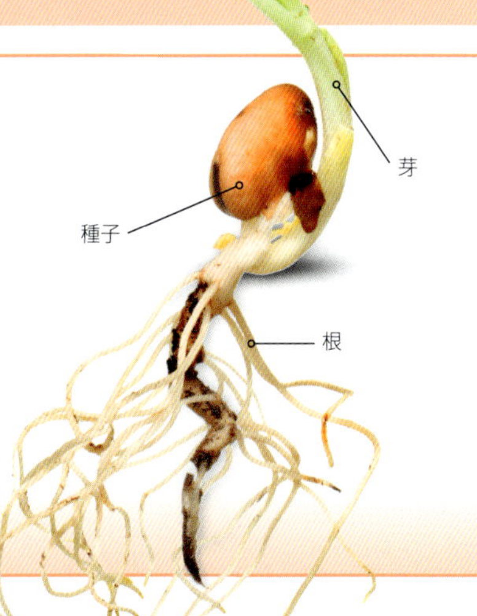

豆の発芽

動物ってなに？

動物は、植物やほかの動物などを食べてエネルギーを取り入れている生き物です。植物と同じく動物もまわりの世界に反応したり、情報を伝えあったりします。たいていの動物は動き回ります。筒の形をした海綿動物のような単純な動物から人間のような複雑な動物までいろいろな動物がいます。

動　く

カイメンやカキなどくっついたまま動かない動物もいるが、ほとんどの動物はえさや隠れ場所をさがしてあちこち動く。サメは強力な筋肉と流線型の体のおかげで、水中をすばやく泳ぎ回りえものを見つけることができる。

えさをさがしているサメ

えさを食べる

動物はほかの生き物を食べてエネルギーを取り入れている。草食動物は植物を食べ、肉食動物はほかの動物を食べる。人間は植物もほかの動物も食べる雑食動物。

ウシは草食動物

ワニは肉食動物

クマは雑食動物

情報を伝える

動物は、音、化学物質、色、動きなどを通していろいろな方法で情報を伝えあう。ミツバチは特別なダンスをして、巣にいるなかまに食べ物のある場所を教える。ダンスのしかたで、どちらにどれくらい飛んだらよいかがわかる。

反応する

動物には、体の外で起きていることを知らせてくれる感覚器官がある。クモは足に生えた毛で、えものがあみにひっかかったときの振動を感じとる。振動に気づいたクモはえものにかけより糸をからめる。

タコには心臓が3個ある。

2個は血液をえらに送り、

1個は体中に送る

危険な生き物

タコは海底の穴やすき間の中で暮らしている。８本の腕をもつ。えものをつかまえるときは腕に並んだ吸盤でしっかりつかみ、クチバシから毒を出して殺す。腕を失っても新しい腕が生えてくる。

動物の種類

地球上には数えきれないほどの種類の動物がいますが、大きく二つのグループに分けられます。一つは哺乳類や魚のように背骨のある脊椎動物、もう一つは昆虫や軟体動物のように背骨のない無脊椎動物です。

脊椎動物

脊椎動物は両生類、は虫類、魚類、鳥類、哺乳類の五つに分けられる。どれも体の中に骨格がある点は同じだが、形も大きさも生活の場所もばらばらだ。

両生類は水場や陸上で生活するが、卵は水の中に産む。カエルなど。

は虫類の体はうろこでおおわれている。卵は陸上で産む。ワニなど。

魚類は一生を水中ですごす。えらで呼吸をする。金魚など。

鳥類には羽根がある。たいていの鳥類は飛ぶことができる。ワシなど。

哺乳類は体温がほぼ変わらず、皮ふには毛が生える。子を乳で育てる。トラや人間など。

無脊椎動物

地球上の動物の 97% が無脊椎動物だ。昆虫や甲殻類はかたい外骨格をもち、体は体節でできている。ヒトデは単純な形で、皮ふの下には骨板がある。体のやわらかいミミズやイカには骨がない。

花虫類は同じ場所にくっついたまま動かず、藻類やプランクトンを食べる。サンゴなど。

星形類は中央の盤から伸びた腕が星の形に見える。ヒトデなど。

クモ類は 8 本の足をもつ。足には関節がある。クモやサソリなど。

腹足類は筋肉でできた 1 本の足で動く。カタツムリやナメクジなど。

軟甲類はからと頭胸部をもつ。頭胸部は五つの体節に分かれる。カニなど。

昆虫類は 6 本の足と、たいてい二対の羽をもつ。チョウやアリなど。

動物の生殖 どうぶつのせいしょく

動物は種類によって生殖のしかた（子の産みかた）がちがいます。母親が卵を産み、卵の中で育つ方法と、母親の体内で育ってから生まれる方法があります。一度にたくさん産んで、その多くが捕食者に食べられてしまう動物もいれば、数匹だけ産んでだいじに育てる動物もいます。

卵を産む動物

卵を産む動物はたくさんいる。魚類や両生類は水中で産卵する。その卵はからがなくやわらかい。は虫類の卵は皮のようなからで包まれ、鳥類の卵はかたいからで包まれている。からに守られた卵は乾燥しない。は虫類や鳥類の子はからを破ってふ化する。

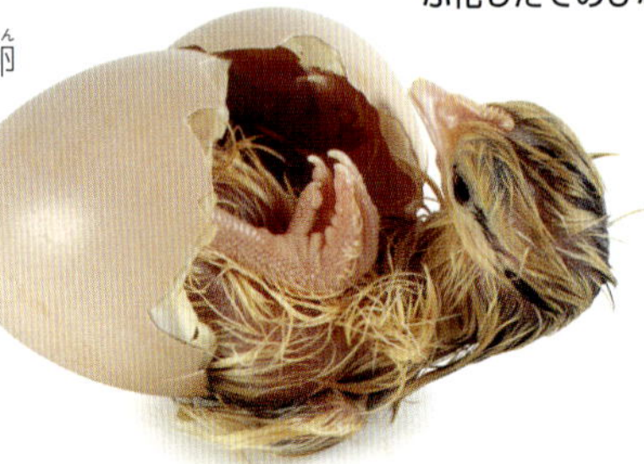
ふ化したてのひな

カエルの卵のかたまり

たくさんの卵

両生類や魚類などとてもたくさんの卵を産む動物は産みっぱなしにするので、ふ化した子は自分の力で生活しなければならない。卵や子のほとんどは成長する前に食べられてしまう。生き残っておとなになるのはわずか。

子を産む動物

ほとんどの哺乳類は親と同じ形の子を産む。子は母親の胎内で育ち、必要な栄養分はすべて母親の血液を通して受け取る。産まれてきた子は母乳を飲んで育つ。

子育て

子を産んだあと数か月、ときには数年も子の世話をする動物もいる。親は子にえさをあたえ、生きていくために必要な生活のしかたを教える。ライオンは群れで生活し、なかまと協力して子育てをする。

子の世話をするライオン

食物網 しょくもつもう

エネルギーは生き物から生き物へ、食べ物という形で受け渡されていきます。食べる生き物と食べられる生き物のつながりを食物網といいます。食物網の一番下は、太陽のエネルギーから自分で食べ物をつくる植物、一番上はほかの動物を食べる捕食者です。

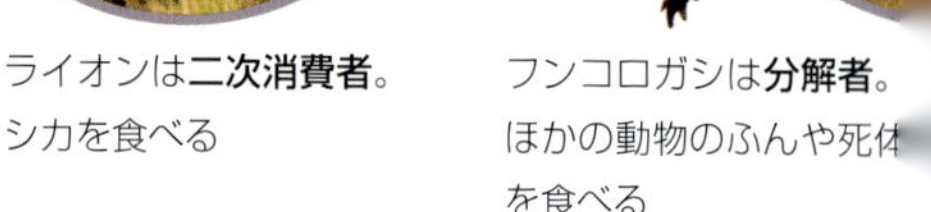

ライオンは**二次消費者**。シカを食べる

フンコロガシは**分解者**。ほかの動物のふんや死体を食べる

シカは**一次消費者**。草を食べる

草は**生産者**。光合成を通して自分で食べ物をつくる

食物連鎖

食物網はいろいろな食物連鎖がからみあってできている。生き物どうしの食べる、食べられる関係を食物連鎖という。食物連鎖は自分で食べ物をつくる植物、つまり生産者から始まる。植物を食べる動物を一次消費者という。一次消費者はほかの動物に食べられる。二次消費者を食べる動物を二次消費者または捕食者という。生き物は死ぬと分解者という役割の生き物に食べられる。

生態のピラミッド

食物連鎖の上にいくほど食べ物となる生き物の数が減る。生き物は食べ物からとりこんだエネルギーを使って呼吸をするからだ（p. 128）。そのようすを表したのが右のピラミッド。上にいくほど捕食者は少なくなる。一番下の生産者が一番多い。

ピラミッドの上にいくほど生き物の数は減る
シロクマは１年で数十頭のアザラシを食べる
アザラシは数千匹の魚を食べる
魚は数兆の動物プランクトンを食べる
動物プランクトンは大量の植物プランクトンを食べる
植物プランクトンは自分で食べ物をつくる

循　環 じゅんかん

生き物が成長したり、エネルギーをつくったりするためには酸素と二酸化炭素が必要です。酸素も二酸化炭素も空気から生き物の体に入っては、また空気中にもどります。このような物質の循環は生命にとってとても重要です。

酸素の循環

植物は光合成を通して酸素を空気中に放出し、空気中から二酸化炭素を吸収する（p. 115）。光合成は日中しか行わない。動物も植物も体の中では昼夜の関係なく酸素を利用してエネルギーをとりだし、同時に二酸化酸素をつくり空気中に放出している。このようなはたらきを呼吸という。空気中に放出された二酸化炭素は植物の光合成によって吸収される。光合成と呼吸を通して酸素と二酸化炭素は循環する。

酸　素
二酸化炭素
植物は**光合成**を通して二酸化炭素をとりこみ、酸素を放出する
植物はたえず呼吸をしながら酸素をとりこみ、二酸化炭素を**放出する**
動物はたえず呼吸をしながら酸素を吸いこみ、二酸化炭素を**はき出す**

炭素の循環

炭素は食べ物を通して生き物にとりこまれ、呼吸によって空気中に放出される。植物や動物が死んだり腐ったりしたときにも放出される。植物は光合成を通して空気中から二酸化炭素を吸収して成長する。その植物はやがてほかの生き物に食べられる。

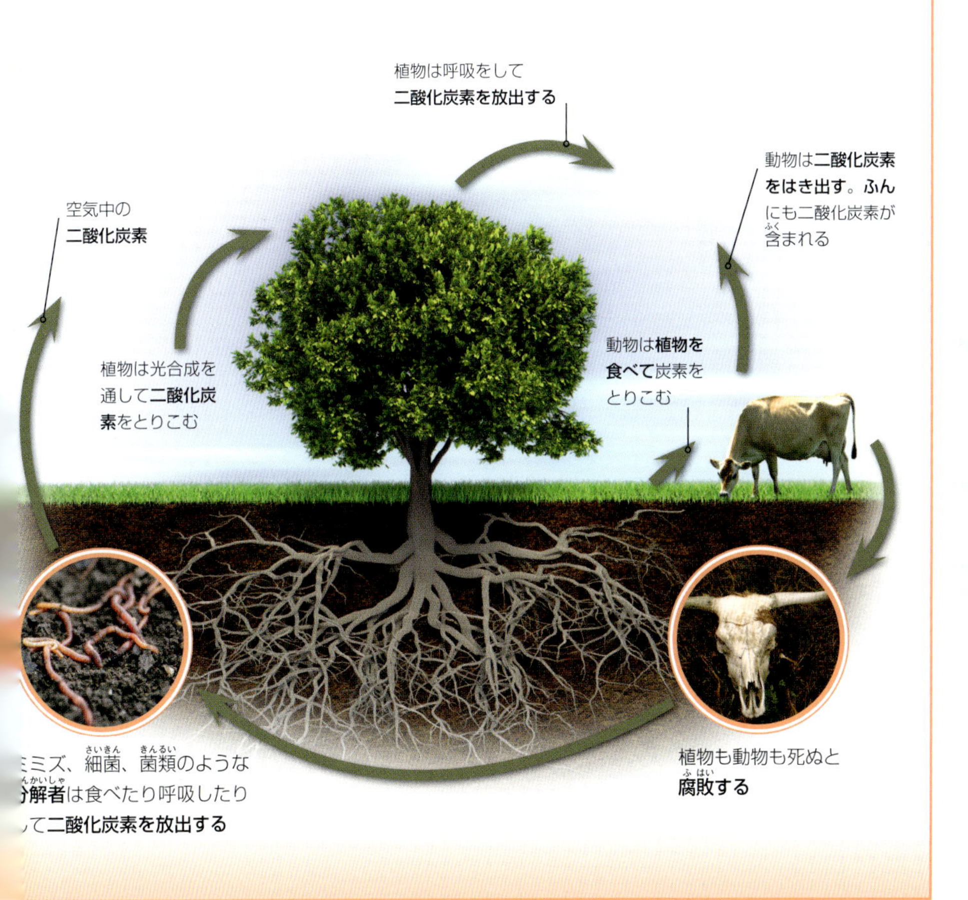

植物は呼吸をして
二酸化炭素を放出する
空気中の
二酸化炭素
動物は**二酸化炭素をはき出す。ふん**にも二酸化炭素が含まれる
植物は光合成を通して**二酸化炭素**をとりこむ
動物は**植物を食べて**炭素をとりこむ
ミミズ、細菌、菌類のような**分解者**は食べたり呼吸したりして**二酸化炭素を放出する**
植物も動物も死ぬと**腐敗する**

生態系 せいたいけい

生き物と、そのまわりの環境のひとまとまりを生態系といいます。小さいものでは池、大きいものでは砂漠も一つの生態系です。地球上にはいくつもの生態系があり、それぞれ気候、土の性質、水の種類などの条件がちがっています。

ツンドラは極地の近くに広がる。標高の高い山にも存在する。気温が低すぎるため木は育たず、小さな花や草におおわれる。地表の5分の1をしめる。

草原は草で広くおおわれ木はほとんど生えていない。夏は強い日差しで草が枯れ、冬は凍ることもある。

熱帯雨林には木がびっしり生えている。さまざまな種類の動物がすむ。

高山帯は気温が低く強い風が吹く、標高の高い地域。高さが変わると植物や動物もかなり変わる。頂上と谷とでは気候も大きく変化する。

区分

- 極地
- 高山帯
- 熱帯雨林
- 針葉樹林
- 温帯林
- 湿地帯
- 草原
- ツンドラ
- 砂漠
- 海

極地は南極や北極の近くの一年中寒くきびしい地域だ。雪と氷でおおわれ、植物はほとんど育たない。

湿地帯はいつも水を含んでいる。たとえば沼や湿原。湿地帯の植物は水にひたっていても生育できる。

針葉樹林は針のような葉をもつ針葉樹が中心の林だ。地球上で一番多い林でもある。寒い、北の地域に広がる。

アジア

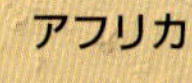

赤道

オーストラリア

漠は雨がほとんど降らず
燥している。水がなくて
生きることのできる植物
動物だけがすむ。

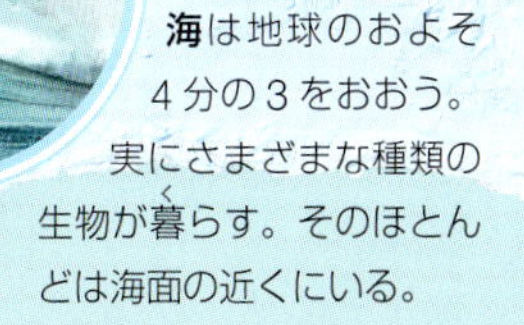

海は地球のおよそ4分の3をおおう。実にさまざまな種類の生物が暮らす。そのほとんどは海面の近くにいる。

温帯林に生える木は春になると新しい葉をつける。秋になると葉を落として寒い冬の間はエネルギーを節約する。

グレートバリアリーフは長さ 2600 km。宇宙(うちゅう)からも見えるほど大きい

あふれる生命　熱帯の海の浅瀬に広がるサンゴ礁は地球上でもとくにいろいろな種類の生物のすむ生息環境だ。面積は海の 0.1％ ほどだが、海の生き物の 25％ がすんでいる。軟体動物やウミヘビ、甲殻類に色鮮やかな魚もいる。

生きのびる方法

生き物は食べ物をさがし、捕食者から身を守り、すむ環境をかえて生きのびます。その方法はいくとおりもあります。大きな集団をつくったり、すむ場所を移ったり、ほかの動物の中に入りこむこともあります。

共　生

2種類の生き物が助け合いながら生活していることがある。このような関係を共生という。カクレクマノミはイソギンチャクと共生する。イソギンチャクはカクレクマノミに隠れ場所と食べ物をあたえる。カクレクマノミの方はイソギンチャクを捕食者から守り掃除もする。

走査型電子顕微鏡で見たアタマジラミ

寄生生物

ほかの生物に害をあたえ、ときには殺して生きている生物を寄生生物という。アタマジラミは人間の毛にくっつき頭皮から血を吸う。人間を殺しはしないが、頭がとてもかゆくなる。

群れて守る

大きな集団で移動する動物もいる。大集団になると捕食者からはつかまりにくくなるし、自分たちはえさをとりやすくなる。ニシンは数億匹からなる大きな群れをつくる。

渡り

動物は食べ物をさがすために、または繁殖をするために生息地を移動することがある。このような移動を渡りという。チョウの一種、オオカバマダラは毎年秋になるとカナダからメキシコに渡り、春になるとカナダにもどりはじめる。1回の渡りの間に3世代から4世代が交代するので、同じチョウがカナダからメキシコまで移動することはない。

水中での生活

海や川で生活する生き物は水中で動き、呼吸をしてえさを食べる生活にうまくあった体のつくりをしています。海には小さなプランクトンから巨大なシロナガスクジラまでさまざまな種類の生物がいます。

水中で呼吸

アカエイ（写真）などの魚をはじめ海の生き物はえらという器官を使って水に溶けた酸素をとりこむ。小さな生き物の中にはえらではなく皮ふを通して酸素を吸収するものもいる。

えら
口から入った海水は**えら**に流れこむ。えらで海水から酸素を吸収する

息を止める

カメやクジラなど海にすむは虫類や哺乳類にえらはない。呼吸をするためには海面まで上がらなければならない。シャチは頭の上にある噴気孔で呼吸をしたあと息を止めたまま20分間ほど水中にもぐる。

ジェット噴射

タコのようにジェット推進で水中を移動する無脊椎動物もいる。体に水を吸いこみ後方に向けて強く押し出すと、噴射のいきおいで体は前へ進む。

大きな生き物

海の生き物の体重は水が支えてくれる。このためとてつもなく大きな体に成長する生き物もいる。海で最大の生物はシロナガスクジラ。長さ30m、体重180トン以上になる。

空を飛ぶ

空の上ですごすことの多い動物は翼を使って飛びます。飛ぶ昆虫はたいてい二対の翼を体にくっつけています。鳥やコウモリが飛ぶときに使う翼は腕が変化したものです。

コウモリの翼は皮ふでできている
昆虫の翼はキチン質という物質でできている

洞くつから飛び出てきたコウモリ

飛行中のコウチュウ

飛行中のガン

翼

動物が飛ぶためには上向きの力（揚力）が必要だ。そこで動物は翼を使って揚力をつくる。翼は羽ばたかせると揚力が生まれる特別な形をしている。多くの鳥はいったん空中に舞い上がると翼を羽ばたかせなくても飛び続ける。

中空骨

飛ぶためにはたくさんのエネルギーを使う。飛ぶ動物にとって体重をできるだけ軽くすることは大切だ。鳥の骨は中が空洞になっている。このため鳥の骨格はとても軽い。

アヒルの骨格

骨を切り開くと中が空洞になっている

鳥の翼は羽根でできている

滑空

羽ばたきをせず、長い距離を飛ぶ動物もいる。このような飛び方を滑空という。体の平らな部分をパラシュートのように使いゆっくりおりていく。モモンガは前足と後ろ足についている皮ふをグライダーのように広げ、滑空しながら木から木へ移る。

進　化

生き物は何百万年という時間をかけて、環境の移り変わりに合わせて変化をしてきました。このような変化を進化といいます。進化は自然選択という現象を通して起こります。植物や動物に起きた変化が生き残る可能性の高い変化の場合は、将来の世代に伝えられます。低い場合、その生物の子孫は途絶えます。

サボテンは乾燥した環境で生き残るために水をためる

適　応

自然選択の結果、生活している環境にとてもよく適した生き物が生まれる。環境に適した種ほど生き残る可能性が高い。砂漠の植物は水を節約しなければならない。北極の動物は寒い中でも生きていけるような体のつくりをしている。

低い温度でも生き残れるようにシロクマの毛皮は厚い

人類の進化

人類は類人猿に似た祖先から、数百万年をかけて進化した。その間にいろいろな種が進化しては消え、約 20 万年前に現生人類が登場した。

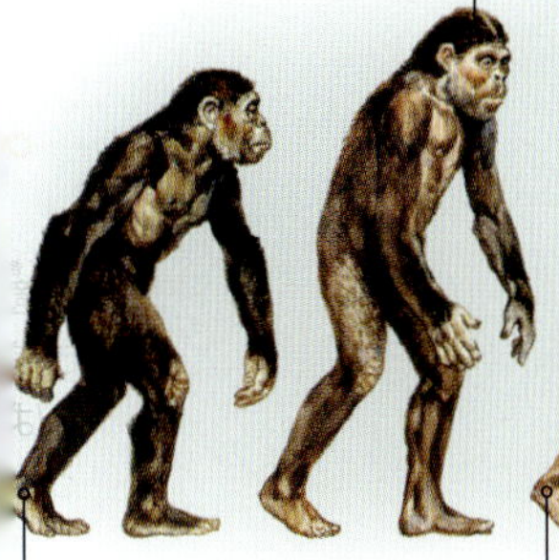

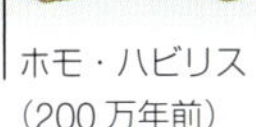

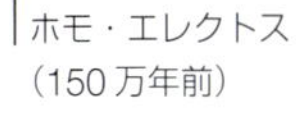

絶滅

気候変動のような環境の変化によって種全体がいなくなってしまうことがある。このような現象を絶滅という。生物が進化する中で絶滅は重要な役割を果たす。絶滅した種に代わって別の種が生きのびるチャンスをもらえるからだ。

コリトサウルスという恐竜は約 7500 万年前に絶滅した

人間がもたらす影響 にんげんがもたらすえいきょう

人間の活動は世界中の環境を変えています。食べ物やエネルギー、土地やその他の資源など高まる要求にこたえるために多くの自然環境を壊しているのです。また石油などの化石燃料を燃やして二酸化炭素を出すため大気が変化しています。二酸化炭素の増加は地球温暖化の原因といわれています。

環境破壊

多くの森林が切り倒され木は木材に、切り開かれた土地は農業に利用されている。森林環境の破壊が進み、世界中の木が減っている。木は二酸化炭素を吸いこむ。木を伐採すると大気中の二酸化炭素がふえるので気候変動の危険性が高まることになる。

ペルーの森林伐採

影響を減らす

人間の活動が引き起こすよくない影響を減らす方法はたくさんある。木を切ったあとに新たに木を植える。一度使ったら捨ててしまうのではなく、もう一度利用する（リサイクル）。こうした工夫で悪い影響を減らしていける。

保　護

生息地の破壊は植物や動物を絶滅の危機にさらす。研究者や自然保護活動家は絶滅寸前の種の生活や成長のようすを研究して、なんとか救う方法をさがしている。

絶滅危惧種のアカウミガメの健康状態を調べている研究者

周期表

それ以上単純な物質に分解できないような物質を元素（p. 32）、元素の性質をもつ一番小さな粒子を原子といいます。元素によって原子に含まれる陽子、中性子、電子の数はちがいます。元素の化学的性質は電子の数によって決まります。元素を化学的、物理的性質にしたがって並べた表を周期表といいます。

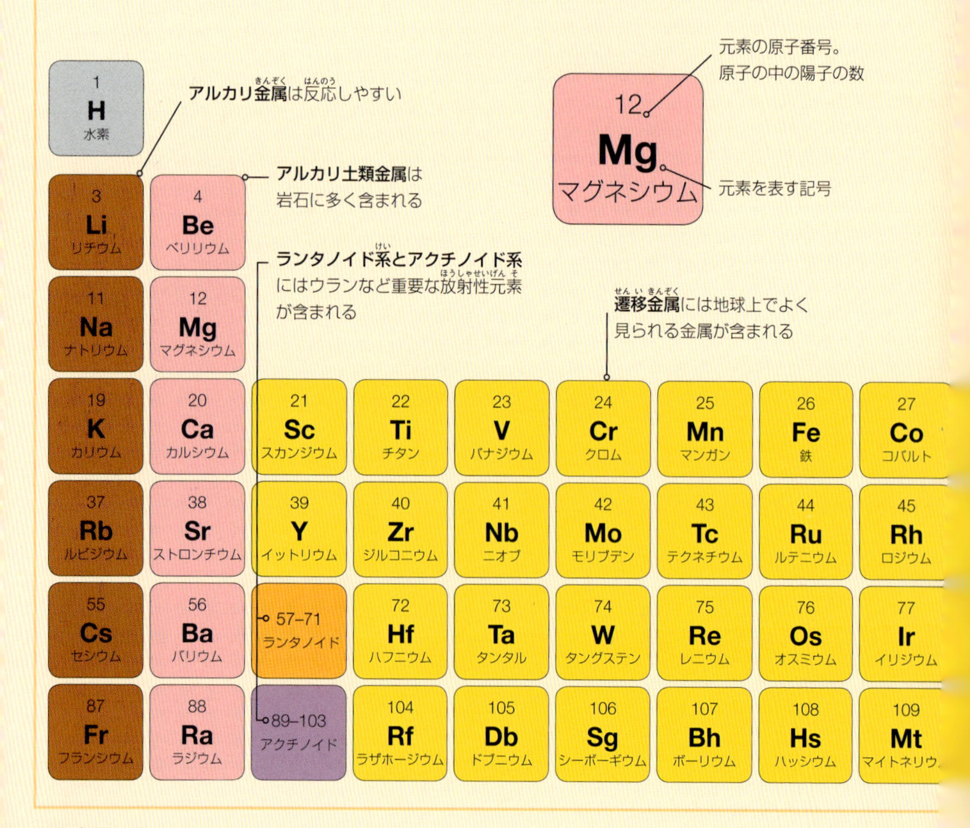

元素の分類

似た性質をもとに元素をグループに分けることができる。周期表の位置がわかれば元素のおおよその性質もわかる。

- アルカリ金属
- アルカリ土類金属
- 遷移金属
- ランタノイド系
- アクチノイド系
- 卑金属
- 半金属
- 非金属
- 希ガス
- 水素
- 化学的性質は不明

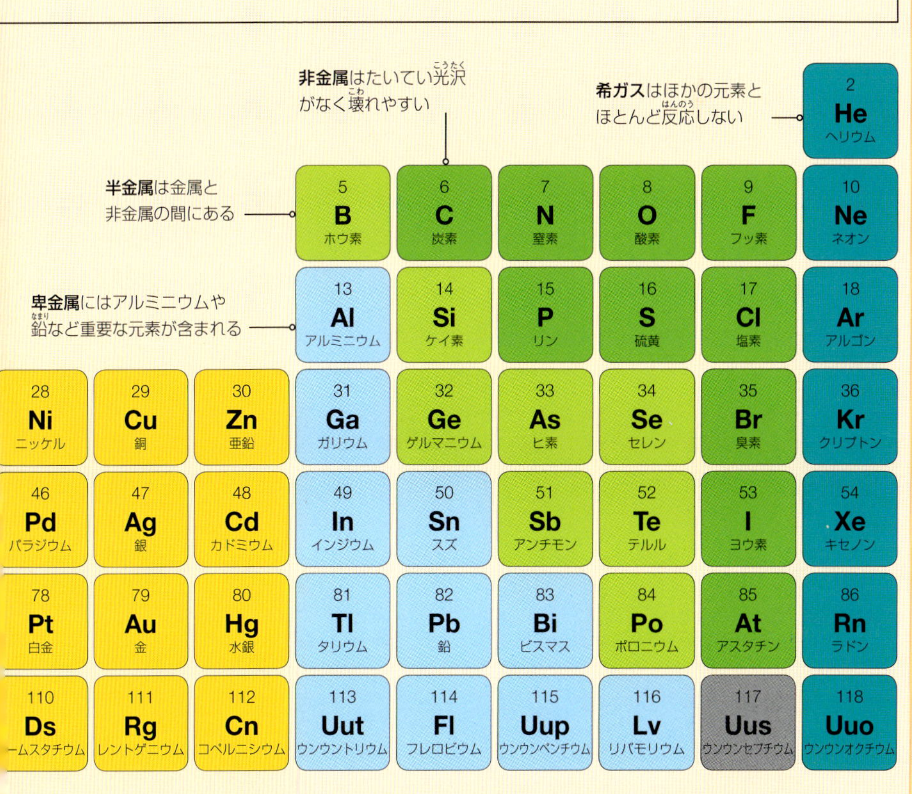

- **非金属**はたいてい光沢がなく壊れやすい
- **希ガス**はほかの元素とほとんど反応しない
- **半金属**は金属と非金属の間にある
- **卑金属**にはアルミニウムや鉛など重要な元素が含まれる

周期表 | 145

科学まめ知識 かがくまめちしき

一番多い元素

• 宇　宙
水素　75%
ヘリウム　23%
そのほかの元素　2%

• 地　殻
酸素　47%
ケイ素　28%
アルミニウム　8%
鉄　5%
カルシウム　4%
ナトリウム　3%
カリウム　3%
マグネシウム　2%

• 人間の体
酸素　61%
炭素　23%
水素　6%
そのほかの元素　6%

一番少ない元素

• 地球上に存在する**元素の中で一番少ない**のはフランシウム。とても速く放射性崩壊をするので生成しても数分で別の元素に変わる。このため地殻にはいつも 25g ほどしか存在しない。

現在わかっている 118 個の元素のうち、天然に存在するのは 94 個。

大きな分子

• **世界最大の合成高分子**は PG5。とてつもない数の炭素と水素と酸素をつなぎ合わせてつくられた。1 分子の PG5 の質量は水素原子 2 億個分。

• **天然に存在する最大の分子**は 60 個の炭素原子からできている。五角形と六角形がサッカーボールのように組み合わさった形の分子だ。

• **DNA** は生命の設計図の書かれた、鎖のような形の分子。遺伝の情報を伝える塩基対を 2 億 2000 万個も含む DNA もある。

速さの記録

• **宇宙で一番速い**のは光。フォトン（光子）とよばれる光の粒子は 1 秒間に 2 億 9979 万 2458m 移動する。

• **世界一速い動物**はハヤブサ。えものに飛びかかるときの時速は 325km。

- **陸上で一番速い動物**はチーター。時速 114km で走る。

- **一番速い魚**はバショウカジキ。時速 110km で泳ぐ。

- **動力を使わず人間の体だけで一番速い移動速度**を記録したのはフェリックス・バウムガートナー。2012 年 10 月 14 日、高高度気球から飛びおりて最高時速 1342 km に達した。人類史上はじめて、動力のついた乗り物にたよらず音速をこえた。

- **一番速い有人機**はロッキード社の SR-71 ブラックバード。時速 3530km を記録した。宇宙船になるともっと速い。スペースシャトルは地球のまわりを時速 2 万 8000km で回る。

- **一番速い旅客列車**は JR のリニアモーターカー。 試験走行で時速 603km を出している。

- **一番速い無人列車**はロケットスレッド。レールの上をロケット推進で走るそりだ。時速 1 万 km をこえる。

- **水上での最高速度**は時速 511km。 特別設計されたスピリット・オブ・オーストラリアという名のモーターボートで 1978 年にケン・ウォービーが出した記録。

エネルギー関連

- **世界最大の発電所**は中国の三峡ダム水力発電所。オランダの面積ほどの地域に供給できるくらいの電力をつくる。

- **世界最大の太陽光発電所**はアメリカのモハベ砂漠にあるネバダ・ソーラー・ワン。162 万 m^2 の土地をおおう。

- **いなづまに含まれるエネルギー**は 50 億ジュール。このエネルギーを利用できる方法が見つかれば、家 1 軒分の電力を 1 か月以上まかなえる。

- **白熱電球で灯をともすために使われるエネルギー**はわずか 5%。残り 95% は熱に変わる。省エネ電球は白熱電球の 4 倍有効にエネルギーを使う。

- **世界最強の磁石**はフロリダ州立大学がつくった電磁石。地球の磁場の 50 万倍強力だ。

生き物まめ知識 いきものまめちしき

一番古い生き物

• **現在、地球で一番長生き**している生物は地中海に生える巨大な海藻。20万年は生きているらしい。

• **世界一長生きする動物**は二枚貝。400年以上生きることがある。動き回る動物の中ではホッキョククジラが一番長生きだ。最高齢は211歳。

• **世界一長生きする木**はブリッスルコーンパイン。現在、5000歳をこえる木がある。

• **地球に一番はじめに現れ、現在も子孫が存在する生物のグループ**は古細菌（細菌に似た単細胞の生命体）。登場したのは地球に最初の生命体が現れたすぐあと、30億年以上前のこと。

• **地球に最初に現れた動物**はカイメン。7億年以上前の海で生活していた。陸上に植物が現れたのは4億2500万年前。恐竜は2億3000万年前に現れた。

現在地球にはおよそ870万種の生物がいるとされている。そのうちの約90%がまだ見つかっていない。

• **2億5000万年間生きていた桿菌**の胞子が人の手をかりて再び増殖を始めた。

• 今からおよそ20万年前、アフリカに**最初の人類**が現れた。約9万年前にはアフリカを出て世界中に広がっていった。

• 少し前までは、**恐竜**は6600万年前に滅びたと考えられていた。現在では鳥が恐竜の直接の子孫であり、現生する恐竜と考えられている。したがって恐竜はすっかり絶滅したわけではない。

大きい小さい

• **史上最大の動物**はシロナガスクジラ。長さ30m、重さ180トンにもなる哺乳類。**一番小さい動物**はたぶんクマムシ。体長わずか0.1mmの無脊椎動物。

• **一番大きい魚**はジンベイザメ。18mに成長する。**一番小さい魚**は体長わずか6mmのフォトコリュニュス・スピニケプス（オニアンコウのなかま）のオス。

• **一番重い鳥**はキタアフリカダチョウ。156kg にもなり重すぎて飛べない。**飛ぶことのできる鳥の中で一番重い**のはアフリカオオノガン。21kg になる。**一番軽い鳥**はわずか 2g のマメハチドリ。

•**最大の昆虫**は体重 71g のジャイアントウェタ（カマドウマのなかま）。**最小の昆虫**は寄生バチのエクメプテリギス･ホソハネコバチ。体長は 0.2mm にもならない。

• **最大のクモ**はゴライアスバードイーター（ルブロンオオツチグモ）。足を広げると幅 30cm、体重 170g になる。**最小のクモ**はパトゥ・マルプレシ（ユアギグモのなかま）。体長 0.43mm はこの点「・」よりも小さい。

• **最大のは虫類**はイリエワニ。体長 7m にも成長する。**最小のは虫類**は体長約 28mm のミクロヒメカメレオン。

• **最大の両生類**はチュウゴクオオサンショウウオ。体長 1.8m になる。**最小の両生類**はパエドフリン・アマウエンシス。パプアニューギニアに生息する体長 7mm の小さなカエル。世界最小の脊椎動物でもある。

最小の哺乳類はキティブタバナコウモリ（別名マルハナバチコウモリ）。重さわずか 2g。

絶滅した大きな生き物

• **ジャイアントモア**は一番背の高い鳥。 立つと 3.6m になる。 ニュージーランドに生息していたが、人間が狩りすぎたため 500 年ほど前に絶滅した。

• 約 100 万年前、南アメリカに生息していた**ショートフェイスベア**は体重 1.5 トン、後ろ足で立ち上がると身長は 3.4m をこえた。シロクマの 2 倍の大きさだ。

• **ステップマンモス**は身長 4m、牙は 5m 以上になる。50万年前のシベリアに生息していた。

•**ホセフォアーティガシア･モネシ**（巨大モルモットのなかま）は 200 万年前に南アメリカに生息していた巨大なげっ歯類。体長 3 m、重さ約 1 トンは小型車並みの大きさだ。

• **アルゼンチノサウルス**は最大の恐竜の一種。頭から尾までが 30m、重さ 70 トン以上。サッカーボールほどの大きさの卵を産む。

• **メガネウラ**はトンボに似た巨大な昆虫。3 億年前に生息していた。翼を広げたときの幅は 60cm 以上。

用語解説 ようごかいせつ

イオン　電子と陽子の数が等しくない原子または分子。正のイオンと負のイオンがある。

引力　質量をもつ二つの物体がたがいに引き合う力。

衛星（えいせい）　別の天体のまわりを回る天体。月は地球のただ一つの衛星。

栄養素（えいようそ）　植物や動物が体を維持するために必要な化合物。

液体（えきたい）　体積は決まっているが形は自由に変わる物質の状態。

えら　魚の体の一部。水に溶けている酸素を吸収する。

回路　電流が流れ続けるひとつながりの道筋。

核（かく）　細胞の中にありDNAを含む器官。

化合物　2種類以上の元素からできている物質。

化石燃料（かせきねんりょう）　石炭や石油など生き物の化石からできている燃料。

仮説（かせつ）　ものごとのしくみについて考えられた理論。仮説を確かめるために研究者は実験をする。

加速度　物体の運動の速さの変わり方。物体にはたらく力によって生じる。

滑車（かっしゃ）　引く力を大きくするときに使う単純な機械。

環境（かんきょう）　生き物を取り囲むまわりの世界。ほかの生き物もすむ。温度や光といった条件もかかわる。

寄生生物（きせいせいぶつ）　栄養をほかの生き物（宿主）にたよって生活する生き物。宿主に害をあたえることもある。

気体　分子が広がり速く動いている物質の状態。たいてい見えない。

軌道（きどう）　物体が別の物体のまわりを運動する道筋。月の軌道の中心には地球がある。

凝縮（ぎょうしゅく）　気体から液体に状態が変化すること。

菌類（きんるい）　生命体の一種。植物や動物、死がいを食べる。

くさび　物体を割ったり、固定したりする単純な機械。

原子　物質をつくる元素の性質をもつ一番小さな粒子。

原子核（げんしかく）　原子の中心の部分。中性子と陽子からできている。

原生生物　一つの細胞でできた生物。

元素（げんそ）　金、水素、酸素など1種類の原子だけからできている純粋な物質。118種類の元素がある。

光合成　植物の葉で起こる現象。太陽のエネルギーを使って栄養分となる糖類をつくる。

降水（こうすい）　大気から地表に落ちる水。雨や雪、ひょうなど。

呼吸（こきゅう）　食べ物を分解して、そのエネルギーをとりだす化学的作用。

固体　分子がびっしりつまり、自由に動けない物質の状態。

細菌（さいきん）　小さな単細胞生物。地球のあらゆるところで生息する。

細胞（さいぼう）　生命の一番小さな単位。生物には単細胞生物と多細胞生物がいる。

雑食動物（ざっしょくどうぶつ）　肉も植物も食べる動物。

紫外線（しがいせん）　日光に含まれる電磁波の一種。人間には見えないが、見ることができる昆虫や鳥もいる。

質量（しつりょう）　物体をつくっている物質の量。

支点（してん）　てこが回転する中心の部分。

斜面（しゃめん）　あまり力を使わず重い物体を上げたり下げたりする単純な機械。

種　とてもよく似ていて子孫を残すことができる生物の集団。

種子　植物が受粉してできるもの。胚（新しく植物になる部分）が育つための栄養分を含む。

受精（じゅせい）　繁殖するために動物や植物のオスとメスの部分がひとつになる現象。

蒸発（じょうはつ）　液体から気体に変わる状態の変化。

進化　種がとても長い時間をかけて別の種に変化する現象。地球で発達した、生命のたどる道。

振幅（しんぷく）　エネルギー波の高さ。大きな音は音波の振幅が大きい。

生態系（せいたいけい）　生き物がすみ、ほかとはっきり区別できる地域。森林、海など。

静電気　一か所にたまったまま動かない状態の電気。

生命体　植物や動物などの生き物。

赤外線　物体から熱として放出される、目に見えない電磁波。

脊椎動物（せきついどうぶつ）　背骨のある動物。

絶縁体（ぜつえんたい）　電気を通しにくい物質。

草食動物　植物しか食べない動物。ウシ、ゾウ、シカなど。

速度　物体が動く速さと向き。

大気　地球などの惑星のまわりを囲む気体の層。

代謝（たいしゃ）　生き物の体内で起きている化学変化。変化した物質は成長や体の維持のために使われる。

断熱材（だんねつざい）　熱を伝えにくい物質。

力　押したり引いたりして物体の形や速度を変える作用。

中性子（ちゅうせいし）　原子核の中にある粒子。電荷をもたない。

DNA　すべての生き物の細胞にある特別な物質。細胞がどのようにふるまうかを指示する暗号が書きこまれている。

てこ　動きや力を大きくする単純な機械。重い物体を動かすときに使われる。

電子　原子をつくる粒子のひとつ。負の電荷をもつ。

電磁石（でんじしゃく）　電気を利用した強力な磁石。

電流　電気の流れ。

導体（どうたい）　電気を流しやすい物質。

肉食動物　肉しか食べない動物。サメ、ライオン、ワニなど。

歯車　力の大きさを変えたり、向きを変えたりする単純な機械。

発芽　種子から新しい植物が成長を始める現象。

被食者（ひしょくしゃ）　ほかの動物におそわれ食べられる動物。

プラズマ　気体に似た物質の状態。電荷をおびたイオンを含む。

分解（ぶんかい）　生き物の死がいに起こる変化。複雑な物質が単純な化合物に変わる。

分子　原子が結合してできた粒子。原子とはちがう物質ができる。水は水素と酸素を含む分子からできている。

胞子（ほうし）　菌類のつくる受精した状態の細胞。新しい菌体は胞子から育つ。

放射（ほうしゃ）　光やＸ線など電磁波の形でエネルギーが放出される現象。

捕食者（ほしょくしゃ）　ほかの動物をおそって食べる動物。

まさつ力　物体と物体をこすり合わせるときに生じる力。動きを遅くし、熱を発生させる。

無脊椎動物（むせきついどうぶつ）　背骨をもたない動物。

溶液（ようえき）　２種類以上の物質が溶けている状態の液体。

陽子　原子核にある粒子。正の電荷をもつ。

粒子（りゅうし）　原子、分子、電子などとても小さな物質。

渡り（わたり）　動物が食べ物や繁殖地を求めて別の土地に移動すること。

索　引　さくいん

【あ】

【か】

【さ】

【た】

【な】

【は】

謝　辞 しゃじ

Dorling Kindersley would like to thank:
Monica Byles for proofreading, Helen Peters for indexing, and Dhirendra Singh for design assistance.

The publisher would like to thank the following for their kind permission to reproduce their photographs:

(Key: a-above; b-below/bottom; c-centre; f-far; l-left; r-right; t-top)

2–3 Dreamstime.com: Olivier Le Queinec. **4 Corbis:** Matthias Kulka (br). **5 Dreamstime.com:** Epstefanov (t). **Fotolia:** tacna (br). **6 Corbis:** Bettmann (clb). **Dorling Kindersley:** University Museum of Archaeology and Anthropology, Cambridge (crb, br). **7 Dreamstime.com:** Erzetic (tr); Georgios Kollidas (br). **8 Corbis:** Underwood & Underwood (ca). **9 Dreamstime.com:** Andreniclas (bc); Drserg (tr). **Getty Images:** P Barber / Custom Medical Stock Photo (tl). **10 Dreamstime.com:** Radu Razvan Gheorghe. **11 Corbis:** Auslöser (b). **Fotolia:** Gennadiy Poznyakov (tl). **12–13 NASA. 14 Dreamstime.com:** Jason Yoder. **16 Fotolia:** guy (bl). **18 Dreamstime.com:** Dmitry Pichugin (b). **19 Corbis:** Brandon Tabiolo / Design Pics (tr). **21 Dreamstime.com:** Dan Talson (crb). **22 Dreamstime.com:** Vadim Ponomarenko (bl). **23 Corbis:** Christian Hacker / beyond (br). **25 Dreamstime.com:** Konstantin Kirillov (bl). **27 © CERN:** (br). **28–29 Science Photo Library:** Cern, P Loiez. **30 Dreamstime.com:** Michael Thompson (cr). **31 Dreamstime.com:** MinervaStudio (tr); Leon Rafael (cla). **32 Alamy Images:** sciencephotos (bl). **33 Dreamstime.com:** Dngood (b); Michal Janošek (tr). **34 Corbis:** Paul Hardy. **35 Dreamstime.com:** Jovani Carlo Gorospe (br). **36 Dreamstime.com:** Vladimir Mucibabic (cl). **37 Dreamstime.com:** Natalia Bratslavsky (b); Serban Enache (tl). **39 SuperStock:** Stock Connection (b). **40 Dreamstime.com. 41 Alamy Images:** Liam Grant Photography (br). **42–43 Corbis:** Tim Clayton. **46 Dreamstime.com:** Onimaru55 (bl). **Getty Images:** Boston Globe (cr). **47 Dreamstime.com:** William Attard Mccarthy (tr). **Getty Images:** Diane Collins and Jordan Hollender / Photodisc (bl). **48 Alamy Images:** David Wall. **49 Dreamstime.com:** Yalcinsonat (cb). **50 Dreamstime.com:** Serdar Tibet (cl). **51 Dreamstime.com:** Redbaron (bl). **Getty Images:** Jeffrey Coolidge / Iconica (tr). **52 Dreamstime.com:** Anna Cieglińska (ca). **Getty Images:** allanbarredo / Flickr (b). **53 Dreamstime.com:** Norman Chan (cra); Yao Zhenyu (cla); Oxfordsquare (br). **55 NASA:** ESA / NASA / SOHO (crb). **Science Photo Library:** US Department Of Energy (bl). **56 Dreamstime.com:** Juemic (l). **57 Dreamstime.com:** Chris Hamilton (br). **Getty Images:** Image Source (l). **59 Dreamstime.com:** Yury Shirokov (br). **60–61 Corbis:** NASA. **64 Corbis:** Imaginechina (bl). **65 Dreamstime.com:** Mikhail Kokhanchikov (tr). **NASA:** (b). **67 Science Photo Library:** David R Frazier (b). **68 Dreamstime.com:** Elnur (br); Carla F Castagno (cra). **69 Dreamstime.com:** Starblue (tl). **Getty Images:** Comstock Images (bc); SMC Images / Photodisc (cra). **NASA:** (br). **70–71 NASA. 72 Getty Images:** Will Salter / Lonely Planet Images (b). **73 Dreamstime.com:** Arne9001 (bl); Olga Popova (crb). **NASA:** (tr). **75 Dreamstime.com:** Elwynn (b). **Getty Images:** PhotoPlus Magazine / Future (tr). **77 Corbis:** Visuals Unlimited (cra). **Dreamstime.com:** Wellphotos (tl). **Getty Images:** Mark Kostich / Vetta (br). **78 Corbis:** Scientifica / Visuals Unlimited (bl). **Dreamstime.com:** Allazotova (cr). **79 Dreamstime.com:** Evgenyatamanenko (bl). **Fotolia:** Marek (cr). **80 Dreamstime.com:** Joyfuldesigns (tr); Bob Phillips (cr). **81 Dreamstime.com:** Andrey Vergeles (r). **83 Dreamstime.com:** Frenc (tr); Refocus (b). **84 NASA:** Scott Andrews / Canon (l). **85 Corbis:** Peter Turnley (tl). **86 Corbis:** Martin Philbey (b). **86–87 Corbis:** Philip Wallick (t). **88 NASA:** (l). **88–89 Dreamstime.com:** Terencefoto (b). **89 Dreamstime.com:** Ivan Cholakov (br); Nivi (tr). **90–91 Getty Images:** Willoughby Owen / Flickr. **92 Dreamstime.com:** Jaroslaw Grudzinski (cr); Jiri Hamhalter (br). **93 Dreamstime.com:** Falun1 (c). **94 Dreamstime.com:** Leloft1911 (cr); Serg_velusceac (tr). **95 Corbis:** Glowimages (l). **Dreamstime.com. 96 Science Photo Library:** Maximilian Stock Ltd. **97 Dreamstime.com:** Uatp1 (br). **98 Corbis:** Bettmann (cl). **Dreamstime.com:** Leung Cho Pan (bc). **98–99 Getty Images:** AFP / Stringer (b). **99 Dreamstime.com:** Paul Hakimata (tr). **100 Dreamstime.com:** Tommy Schultz. **101 Corbis:** Dr Thomas Deerinck / Visuals Unlimited (cb). **102 Dreamstime.com:** 72hein71cis (bl); Andrey Sukhachev (crb). **103 Alamy Images:** Digital Archive Japan (b). **Corbis:** Micro Discovery (tl). **Dreamstime.com:** Saša Prudkov (r). **104 Dreamstime.com:** Ruud Morijn (cr). **106 Getty Images:** Wim van Egmond / Visuals Unlimited, Inc (cl). **106–107 Dreamstime.com:** Monkey Business Images (b). **107 Dreamstime.com:** Evgeny Karandaev (tr). **108 Dreamstime.com. 108–109 Dreamstime.com:** Alain Lacroix (b). **109 Dreamstime.com:** Martin Green (bc). **110 Dreamstime.com:** Chuyu (l). **111 Dreamstime.com:** Hupeng (cr); Petitfrere (tl). **112–113 Corbis:** Steven Vidler / Eurasia Press. **115 Dreamstime.com:** Yaroslav Osadchyy (r). **116 Dorling Kindersley:** Lucy Claxton (br). **117 Dreamstime.com:** Alex Bramwell (cl); Richard Griffin (br). **118 Dreamstime.com:** John Casey. **119 Dreamstime.com:** Marietjie Opperman (ca); Dariusz Szwangruber (cl); Nancy Tripp (br). **120–121 SuperStock:** Juniors. **122 Dreamstime.com:** Tdargon (cr). **123 Dreamstime.com:** Scol22 (br). **124 Corbis:** Stephen Dalton / Minden Pictures (bl). **125 Corbis:** Fotofeeling / Westend61 (b). **Dreamstime.com:** Steveheap (tl). **126 Dreamstime.com:** Spaceheater (c); Sergey Uryadnikov (clb). **126–127 Dreamstime.com:** Michael Sheehan (c). **127 Corbis:** Wim van Egmond / Visuals Unlimited (b). **Dreamstime.com:** Dekanaryas (c); Sergey Uryadnikov (tc). **128 Dreamstime.com:** Lilkar (b). **129 Dreamstime.com:** Saskia Massink (br); Orlando Florin Rosu (c). **130 Dreamstime.com:** Most66 (cl); Nico Smit (c). **131 Corbis:** Serguei Fomine / Global Look (tc). **Dreamstime.com:** Anton Foltin (br); Kmitu (clb); Irabel8 (bc); Hiroshi Tanaka (tr). **132–133 Getty Images:** Jeff Hunter / Photographer's Choice. **134 Dreamstime.com:** Jamiegodson. **135 Alamy Images:** Tom Uhlman (bl). **Corbis:** Science Picture Co / Science Faction (tl). **Dreamstime.com:** Dejan Sarman (tr). **136 Dreamstime.com:** Dongfan Wang (c). **137 Corbis:** Birgitte Wilms / Minden Pictures (cla). **Dreamstime.com:** Serena Livingston (tr). **138 Corbis:** Michael Durham / Minden Pictures (cla). **138–139 Dreamstime.com:** Gordon Miller (c). **139 Corbis:** Joe McDonald (br). **Dorling Kindersley:** Booth Museum of Natural History, Brighton (c). **140 Dreamstime.com:** Davepmorgan (l); Vladimir Seliverstov (br). **141 Dorling Kindersley:** American Museum of Natural History (b). **Getty Images:** De Agostini (t). **142–143 Dreamstime.com:** Pklimenko (b). **143 Corbis:** Jeffrey L Rotman (br). **Dreamstime.com:** Meryll (tl).

Jacket images: *Front:* **Getty Images:** Oliver Cleve (c); *Spine:* **Getty Images:** Oliver Cleve (c).

For further information see:
www.dkimages.com